Lösungen
zu
Analytische Geometrie
Leistungskurs
von Barth · Schmid

Bestell-Nr. 02337-1

Ehrenwirth Verlag München

Teil A: Affine analytische Geometrie

I. Vektorraum

1 Geometrischer Vektorraum

S.26 1. a) $B'(5|-1)$; $C'(2|-3)$; $D'(3\frac{1}{2}|1\frac{3}{4})$; $E(-5|5)$; $F(-7|-2)$; $G(-3{,}5|-1{,}5)$;

b) $B'(-3|5)$; $C'(-6|3)$; $D'(-4\frac{1}{2}|7\frac{3}{4})$; $E(3|-1)$; $F(1|-8)$; $G(4{,}5|-7{,}5)$;

2. a) $\overrightarrow{BC}$, $\overrightarrow{EH}$, $\overrightarrow{FG}$; b) $\overrightarrow{CH}$; c) Sonst keiner;

3. $(A|B)$, $(D|C)$, $(E|F)$, $(H|G) \in \overrightarrow{AB}$; $(B|A)$, $(C|D)$, $(F|E)$, $(G|H) \in \overrightarrow{BA}$;
analog für die anderen Kanten (6 Klassen);
$(A|G) \in \overrightarrow{AG}$; $(G|A) \in \overrightarrow{GA}$; analog für die anderen Raumdiagonalen (8 Klassen)
$(A|F)$, $(D|G) \in \overrightarrow{AF}$; $(F|A)$, $(G|D) \in \overrightarrow{FA}$;
analog für die anderen Flächendiagonalen (12 Klassen);

4.a) 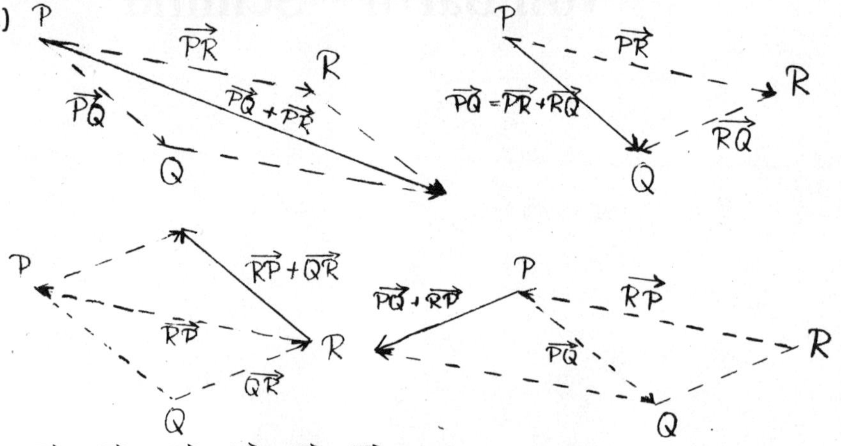

b) $(\overrightarrow{PQ} + \overrightarrow{QR}) + \overrightarrow{RP} = \overrightarrow{PR} + \overrightarrow{RP} = \overrightarrow{PP} = \vec{o}$;
$(\overrightarrow{PQ} + \overrightarrow{PR}) + \overrightarrow{QR} = (\overrightarrow{PQ} + \overrightarrow{QR}) + \overrightarrow{PR} = \overrightarrow{PR} + \overrightarrow{PR} = 2\overrightarrow{PR}$;
$\overrightarrow{PQ} + (\overrightarrow{PR} + \overrightarrow{QR}) = (\overrightarrow{PQ} + \overrightarrow{QR}) + \overrightarrow{PR} = \overrightarrow{PR} + \overrightarrow{PR} = 2\overrightarrow{PR}$;

c) $\overrightarrow{PQ} - \overrightarrow{PR} = \overrightarrow{PQ} + \overrightarrow{RP}$; $\overrightarrow{PQ} - \overrightarrow{RP} = \overrightarrow{PQ} + \overrightarrow{PR}$; $\overrightarrow{PQ} - \overrightarrow{QP} = \overrightarrow{PQ} + \overrightarrow{PQ} = 2\overrightarrow{PQ}$;

d) $\overrightarrow{PQ} - ((\overrightarrow{PR} + \overrightarrow{RQ}) + \overrightarrow{QP}) = \overrightarrow{PQ} - (\overrightarrow{PQ} + \overrightarrow{QP}) = \overrightarrow{PQ} - \overrightarrow{PP} = \overrightarrow{PQ} - \vec{o} = \overrightarrow{PQ}$;
$-\overrightarrow{QR} - \overrightarrow{PQ} + \overrightarrow{PR} = \overrightarrow{RQ} + \overrightarrow{QP} + \overrightarrow{PR} = \overrightarrow{RP} + \overrightarrow{PR} = \overrightarrow{RR} = \vec{o}$;

5.a) 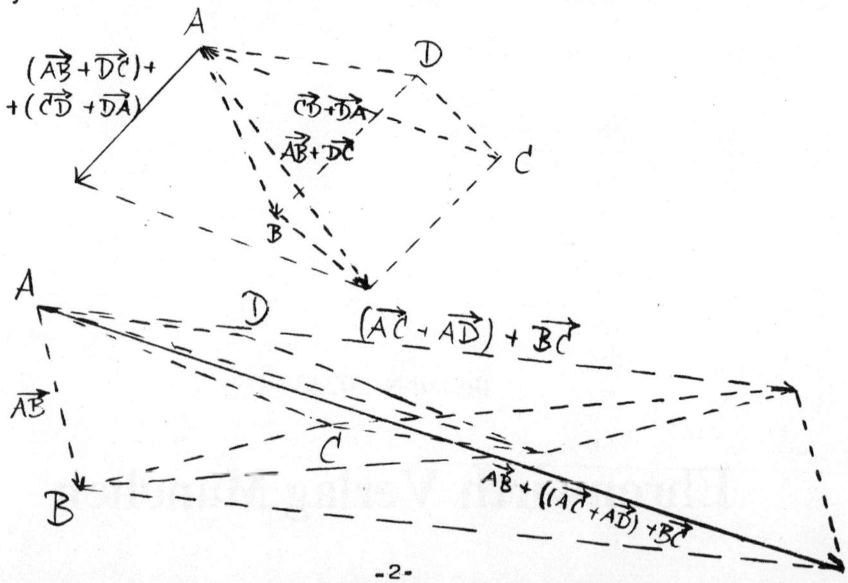

b)

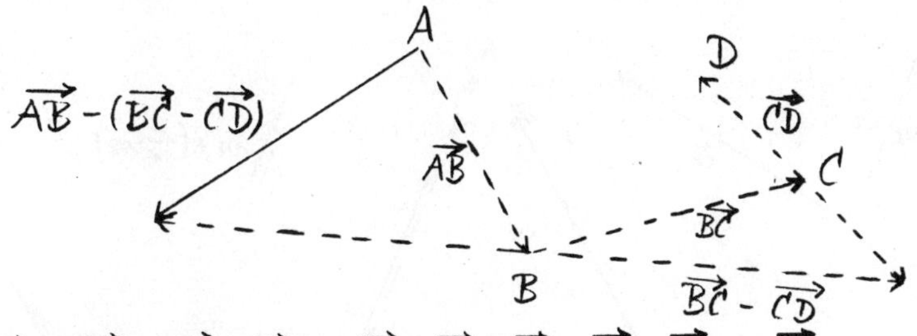

$\overrightarrow{AB} + (\overrightarrow{BC} - (\overrightarrow{CD} + \overrightarrow{DA})) = \overrightarrow{AB} + \overrightarrow{BC} - \overrightarrow{CA} = \overrightarrow{AC} + \overrightarrow{AC} = 2 \cdot \overrightarrow{AC};$

S. 27 6.a) Nullvektor

$[((\overrightarrow{AB} + \overrightarrow{BC}) + \overrightarrow{CD}) + \overrightarrow{DE}] + \overrightarrow{EA} = [(\overrightarrow{AC} + \overrightarrow{CD}) + \overrightarrow{DE}] + \overrightarrow{EA} =$
$= [\overrightarrow{AD} + \overrightarrow{DE}] + \overrightarrow{EA} = \overrightarrow{AE} + \overrightarrow{EA} = \overrightarrow{AA} = \mathfrak{o};$

b) $6 + \bar{6} = \mathfrak{o}; \quad \bar{6} = -6 = -([(\mathfrak{a}+\mathfrak{b})+\mathfrak{c}]+\mathfrak{d});$

7.

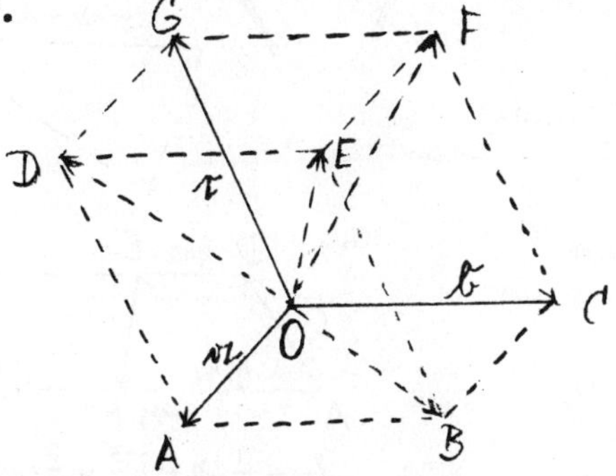

$\overrightarrow{OB} = \mathfrak{a} + \mathfrak{b};$
$\overrightarrow{OF} = \mathfrak{b} + \mathfrak{c};$
$\overrightarrow{OD} = \mathfrak{a} + \mathfrak{c};$
$\overrightarrow{OE} = \mathfrak{a} + \mathfrak{b} + \mathfrak{c};$

8. $\overrightarrow{BC} = \mathfrak{b} - \mathfrak{a}; \quad \overrightarrow{CD} = \mathfrak{c} - \mathfrak{b}; \quad \overrightarrow{BD} = \mathfrak{c} - \mathfrak{a};$

9.

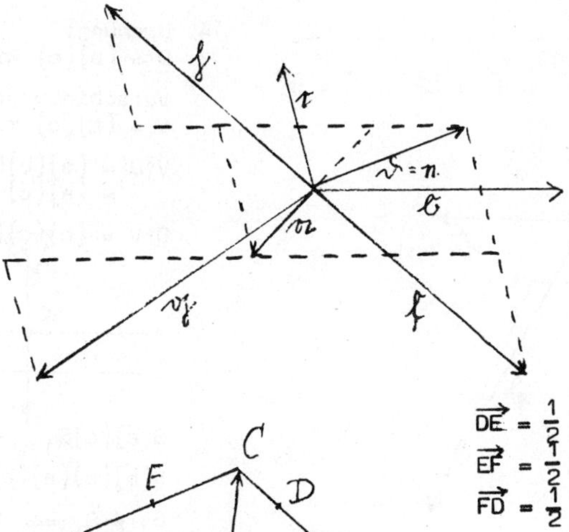

10.

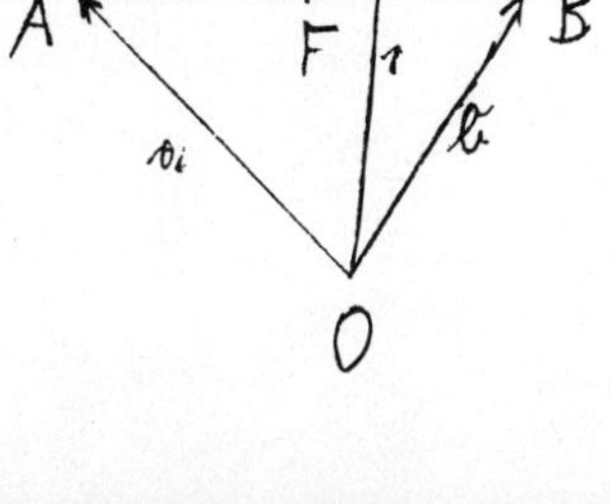

$\overrightarrow{DE} = \frac{1}{2}(\mathfrak{a} - \mathfrak{b})$
$\overrightarrow{EF} = \frac{1}{2}(\mathfrak{b} - \mathfrak{c})$
$\overrightarrow{FD} = \frac{1}{2}(\mathfrak{c} - \mathfrak{a});$

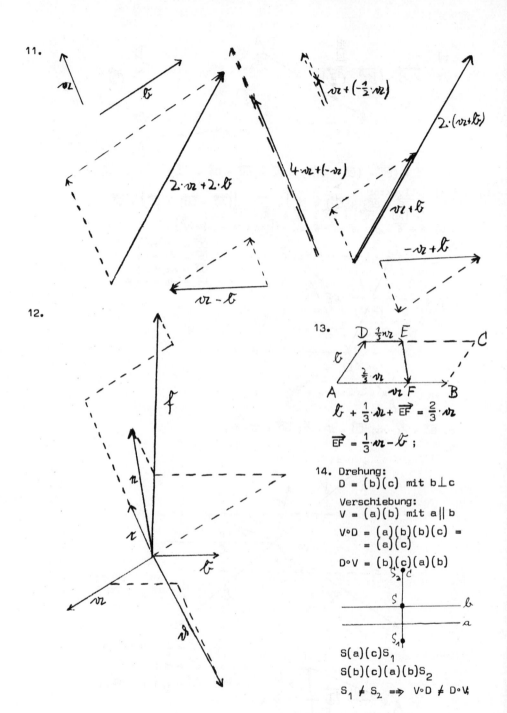

11.

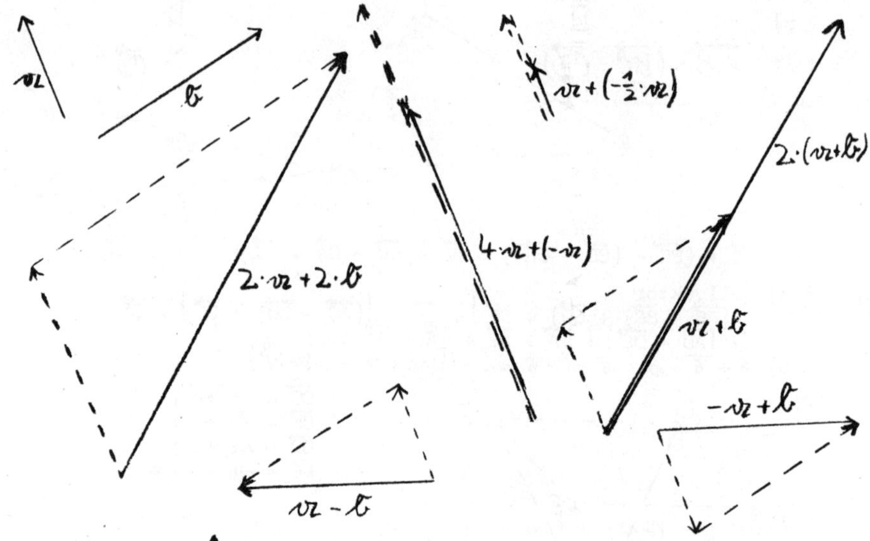

12.

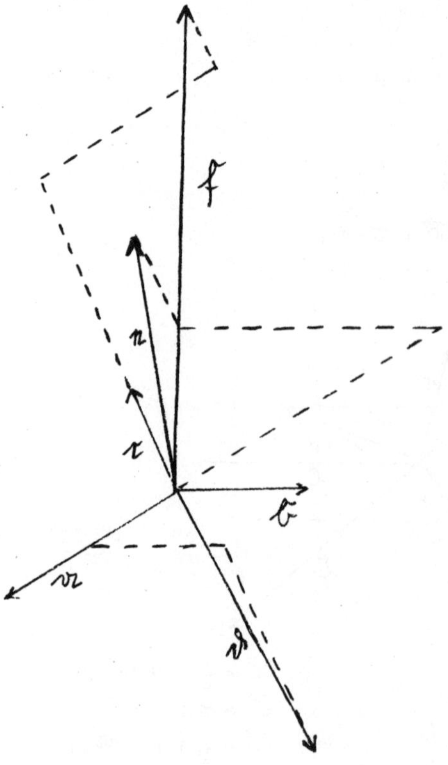

13.

D ⅓𝔞 E C

𝔟 ⅔𝔞

A 𝔞 F B

$$\mathfrak{b} + \frac{1}{3}\cdot\mathfrak{a} + \overrightarrow{EF} = \frac{2}{3}\cdot\mathfrak{a}$$

$$\overrightarrow{EF} = \frac{1}{3}\cdot\mathfrak{a} - \mathfrak{b} ;$$

14. Drehung:
$D = (b)(c)$ mit $b \perp c$

Verschiebung:
$V = (a)(b)$ mit $a \parallel b$

$V \circ D = (a)(b)(b)(c) =$
$= (a)(c)$

$D \circ V = (b)(c)(a)(b)$

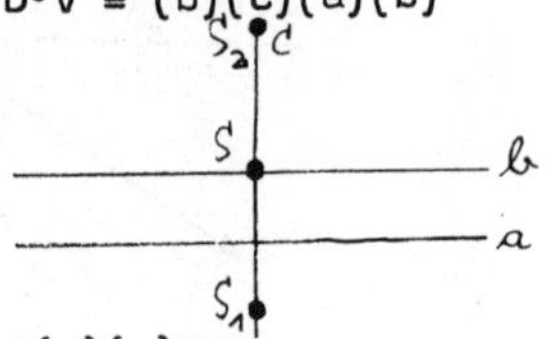

$S(a)(c)S_1$

$S(b)(c)(a)(b)S_2$

$S_1 \neq S_2 \Rightarrow V \circ D \neq D \circ V;$

S. 28 16.

$$
\begin{array}{rrcll}
 & \mathfrak{a} - \mathfrak{x} & = & \mathfrak{b} & \\
\Leftrightarrow & \mathfrak{a} + (-\mathfrak{x}) & = & \mathfrak{b} & \\
\Leftrightarrow & \mathfrak{x} + \mathfrak{a} + (-\mathfrak{x}) & = & \mathfrak{x} + \mathfrak{b} & (1) \\
\Leftrightarrow & \mathfrak{a} + [\mathfrak{x} + (-\mathfrak{x})] & = & \mathfrak{x} + \mathfrak{b} & (\text{K und } A_+) \\
\Leftrightarrow & \mathfrak{a} + \mathfrak{o} & = & \mathfrak{x} + \mathfrak{b} & (I) \\
\Leftrightarrow & \mathfrak{a} & = & \mathfrak{x} + \mathfrak{b} & (N_+) \\
\Leftrightarrow & (-\mathfrak{b}) + \mathfrak{a} & = & (-\mathfrak{b}) + \mathfrak{x} + \mathfrak{b} & (1) \\
\Leftrightarrow & \mathfrak{a} - \mathfrak{b} & = & \mathfrak{x} + [(-\mathfrak{b}) + \mathfrak{b}] & (\text{K und } A_+) \\
\Leftrightarrow & \mathfrak{a} - \mathfrak{b} & = & \mathfrak{x} + \mathfrak{o} & (I) \\
\Leftrightarrow & \mathfrak{a} - \mathfrak{b} & = & \mathfrak{x} & (N_+)
\end{array}
$$

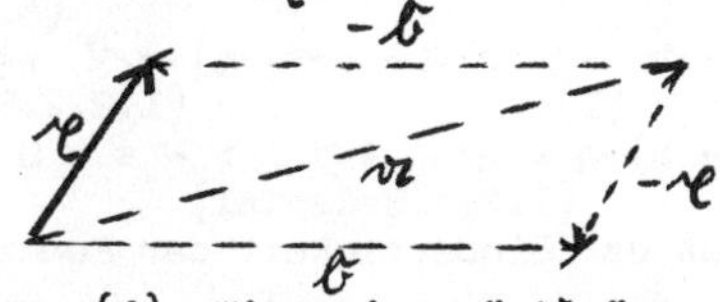

17. a) " $\Leftarrow$ " folgt direkt aus (1). Wir zeigen " $\Rightarrow$ ":

$$\mathfrak{a} + \mathfrak{c} = \mathfrak{b} + \mathfrak{c} \underset{(1,I)}{\Longrightarrow} (\mathfrak{a} + \mathfrak{c}) + (-\mathfrak{c}) = (\mathfrak{b} + \mathfrak{c}) + (-\mathfrak{c})$$

$$\underset{(A+)}{\Longrightarrow} \mathfrak{a} + [\mathfrak{c} + (-\mathfrak{c})] = \mathfrak{b} + [\mathfrak{c} + (-\mathfrak{c})] \underset{(I)}{\Longrightarrow} \mathfrak{a} + \mathfrak{o} = \mathfrak{b} + \mathfrak{o}$$

$$\underset{(N_+)}{\Longrightarrow} \mathfrak{a} = \mathfrak{b};$$

b)

$$
\begin{array}{lrcll}
 & \mathfrak{o} + (-\mathfrak{o}) & = & -\mathfrak{o} & (N_+) \\
\wedge & \mathfrak{o} + (-\mathfrak{o}) & = & \mathfrak{o} & (I) \\
\hline
\Rightarrow & -\mathfrak{o} & = & \mathfrak{o} &
\end{array}
$$

18.
$$\left.\begin{array}{l} \mathfrak{a} + \mathfrak{x}_1 = \mathfrak{b} \\ \mathfrak{a} + \mathfrak{x}_2 = \mathfrak{b} \end{array}\right\} \Rightarrow \mathfrak{a} + \mathfrak{x}_1 = \mathfrak{a} + \mathfrak{x}_2 \quad \Rightarrow \quad \mathfrak{x}_1 = \mathfrak{x}_2;$$

19. Es gilt $-\mathfrak{a} + [-(-\mathfrak{a})] = \mathfrak{o}$ (I)
Außerdem gilt $\mathfrak{a} + (-\mathfrak{a}) = \mathfrak{o}$ (I)
und damit auch $-\mathfrak{a} + \mathfrak{a} = \mathfrak{o}$ (K)

Wir haben also einerseits $\overline{-\mathfrak{a}} = -(-\mathfrak{a})$,
und andererseits $\overline{-\mathfrak{a}} = \mathfrak{a}$.

Nach (2) ist jedem Vektor $\mathfrak{w}$ <u>genau ein</u> Vektor $\overline{\mathfrak{w}}$ zugeordnet (<u>Inversenfunktion</u>), also muß gelten

$$-(-\mathfrak{a}) = \mathfrak{a}.$$

20. a) Es gilt einerseits $-(-\mathfrak{a}) + \{-[-(-\mathfrak{a})]\} = \mathfrak{o}$
und andererseits (vgl. Aufg. 19) $-(-\mathfrak{a}) + (-\mathfrak{a}) = \mathfrak{a} + (-\mathfrak{a}) = \mathfrak{o}$.
Aus der Eindeutigkeit des inversen Elements folgt

$$-[-(-\mathfrak{a})] = -\mathfrak{a}.$$

b) Analog: $[\mathfrak{a} + (-\mathfrak{b})] + (-\mathfrak{a} + \mathfrak{b}) = \mathfrak{a} + (-\mathfrak{b}) + (-\mathfrak{a}) + \mathfrak{b} =$
$= \mathfrak{a} + (-\mathfrak{a}) + \mathfrak{b} + (-\mathfrak{b}) = \mathfrak{o}$.

c) $[(-\mathfrak{a}) + (-\mathfrak{b})] + (\mathfrak{a} + \mathfrak{b}) = (-\mathfrak{a}) + (-\mathfrak{b}) + \mathfrak{a} + \mathfrak{b} = \mathfrak{o}$.

d) $(\mathfrak{a} - \mathfrak{b} - \mathfrak{c}) + (-\mathfrak{a} + \mathfrak{b} + \mathfrak{c}) = \mathfrak{a} + (-\mathfrak{b}) + (-\mathfrak{c}) + (-\mathfrak{a}) + \mathfrak{b} + \mathfrak{c} = \mathfrak{o}$.

e) $-(\mathfrak{a} - \mathfrak{b}) - (\mathfrak{c} + \mathfrak{d}) = -[\mathfrak{a} + (-\mathfrak{b})] + [-(\mathfrak{c} + \mathfrak{d})] =$
$= -\mathfrak{a} + \mathfrak{b} + (-\mathfrak{c}) + (-\mathfrak{d}) = -\mathfrak{a} + \mathfrak{b} - \mathfrak{c} - \mathfrak{d}$.

21. Sind $\overline{\mathfrak{a}}$ und $\overline{\mathfrak{a}}'$ zwei zu $\mathfrak{a}$ inverse Elemente, so ist

$$\overline{\mathfrak{a}}' \underset{(N_+,K)}{=} \mathfrak{o} + \overline{\mathfrak{a}}' \underset{(\text{Vor.},I,K)}{=} (\overline{\mathfrak{a}} + \mathfrak{a}) + \overline{\mathfrak{a}}' \underset{(A_+)}{=} \overline{\mathfrak{a}} + (\mathfrak{a} + \overline{\mathfrak{a}}') \underset{(I)}{=} \overline{\mathfrak{a}} + \mathfrak{o} \underset{(N_+)}{=} \overline{\mathfrak{a}}.$$

22. (1) (vgl. S.24) und N sind offensichtlich erfüllt.

$$D_V: \quad n \cdot (\mathfrak{a} + \mathfrak{b}) = \underbrace{(\mathfrak{a} + \mathfrak{b}) + (\mathfrak{a} + \mathfrak{b}) + \ldots + (\mathfrak{a} + \mathfrak{b})}_{n\text{-mal}} =$$

$$\underset{(A_+,K)}{=} \underbrace{\mathfrak{a} + \mathfrak{a} + \ldots + \mathfrak{a}}_{n\text{-mal}} + \underbrace{\mathfrak{b} + \mathfrak{b} + \ldots + \mathfrak{b}}_{n\text{-mal}} = n \cdot \mathfrak{a} + n \cdot \mathfrak{b}.$$

D_S: $(n+m)\cdot\mathfrak{v} = \underbrace{\mathfrak{v}+\mathfrak{v}+\ldots+\mathfrak{v}}_{(n+m)-\text{mal}} = \underbrace{\mathfrak{v}+\mathfrak{v}+\ldots+\mathfrak{v}}_{n-\text{mal}}+\underbrace{\mathfrak{v}+\mathfrak{v}+\ldots+\mathfrak{v}}_{m-\text{mal}} =$

$= n\cdot\mathfrak{v} + m\cdot\mathfrak{v}.$

A : $n(m\cdot\mathfrak{v}) = \underbrace{(\underbrace{\mathfrak{v}+\mathfrak{v}+\ldots+\mathfrak{v}}_{m-\text{mal}}) + (\underbrace{\mathfrak{v}+\mathfrak{v}+\ldots+\mathfrak{v}}_{m-\text{mal}}) + \ldots + (\underbrace{\mathfrak{v}+\mathfrak{v}+\ldots+\mathfrak{v}}_{m-\text{mal}})}_{n-\text{mal}} =$

$= \underbrace{\mathfrak{v}+\mathfrak{v}+\ldots+\mathfrak{v}}_{(nm)-\text{mal}} = (nm)\cdot\mathfrak{v}.$

S. 30 1.a) $r\cdot\mathfrak{v} = r\cdot\mathfrak{b} \underset{(2)}{\Longrightarrow} \frac{1}{r}\cdot(r\cdot\mathfrak{v}) = \frac{1}{r}\cdot(r\cdot\mathfrak{b}) \underset{(A.)}{\Longrightarrow} (\frac{1}{r}r)\cdot\mathfrak{v} = (\frac{1}{r}r)\cdot\mathfrak{b} \Longrightarrow \mathfrak{v} = \mathfrak{b}.$

b) $r\cdot\mathfrak{v} = s\cdot\mathfrak{v} \underset{(I)}{\Longrightarrow} r\cdot\mathfrak{v} + (-s\cdot\mathfrak{v}) = \mathfrak{o} \underset{(I.2,2.\text{Beispiel})}{\Longrightarrow} r\cdot\mathfrak{v} + (-1)s\cdot\mathfrak{v} = \mathfrak{o} \Longrightarrow$

$\Longrightarrow (r-s)\cdot\mathfrak{v} = \mathfrak{o} \underset{(I.2,1.\text{Beispiel})}{\Longrightarrow} r - s = 0 \Longrightarrow r = s.$

c) Folgt aus der Eindeutigkeit der Funktion "·".

S. 31 2.a) $r\cdot\mathfrak{v} + (-r)\cdot\mathfrak{v} \underset{(D_S)}{=} [r + (-r)]\cdot\mathfrak{v} = 0\cdot\mathfrak{v} \underset{(I.2,1.\text{Beispiel})}{=} \mathfrak{o}$

1. Methode: Aus der Eindeutigkeit des inversen Elements folgt $(-r)\cdot\mathfrak{v} = -(r\cdot\mathfrak{v})$.

2. Methode: Addition von $-(r\cdot\mathfrak{v})$ auf beiden Seiten der obigen Gleichung ergibt dies ebenfalls.

b) $r\cdot\mathfrak{v} + r\cdot(-\mathfrak{v}) \underset{(D_V)}{=} r[\mathfrak{v} + (-\mathfrak{v})] \underset{(I)}{=} r\cdot\mathfrak{o} \underset{(I.2,1.\text{Beispiel})}{=} \mathfrak{o}$

Also wieder: $r\cdot(-\mathfrak{v}) = -(r\cdot\mathfrak{v})$.

c) $(-r)\cdot(-\mathfrak{v}) \underset{(b))}{=} -[(-r)\cdot\mathfrak{v}] \underset{(a))}{=} -[-(r\cdot\mathfrak{v})] \underset{(S.26,\text{Aufg.}19)}{=} r\cdot\mathfrak{v}.$

3. Mit der Definition der Subtraktion und dem Ergebnis von Aufg. 2b) erhalten wir: $r\cdot(\mathfrak{v}-\mathfrak{b}) = r\cdot[\mathfrak{v} + (-\mathfrak{b})] = r\cdot\mathfrak{v} + r\cdot(-\mathfrak{b}) =$
$= r\cdot\mathfrak{v} + (-r\cdot\mathfrak{b}) = r\cdot\mathfrak{v} - r\cdot\mathfrak{b}.$

4.a) $(r+s)\cdot(\mathfrak{v}+\mathfrak{b}) \underset{(D_S)}{=} r\cdot(\mathfrak{v}+\mathfrak{b}) + s\cdot(\mathfrak{v}+\mathfrak{b}) \underset{(D_V)}{=} r\cdot\mathfrak{v} + r\cdot\mathfrak{b} + s\cdot\mathfrak{v} + s\cdot\mathfrak{b}.$

b) $(r-s)\cdot(\mathfrak{v}-\mathfrak{b}) = [r + (-s)]\cdot[\mathfrak{v} + (-\mathfrak{b})] \underset{(D_S)}{=} r\cdot[\mathfrak{v} + (-\mathfrak{b})] +$

$+ (-s)\cdot[\mathfrak{v} + (-\mathfrak{b})] \underset{(D_V)}{=} r\cdot\mathfrak{v} + r\cdot(-\mathfrak{b}) + (-s)\cdot\mathfrak{v} + (-s)\cdot(-\mathfrak{b}) =$

$\underset{(\text{Aufg.}2a)b))}{=} r\cdot\mathfrak{v} + [-(r\cdot\mathfrak{b})] + [-(s\cdot\mathfrak{v})] + [-(-(s\cdot\mathfrak{b}))] =$

$= r\cdot\mathfrak{v} - r\cdot\mathfrak{b} - s\cdot\mathfrak{v} + s\cdot\mathfrak{b}.$

5.z.B.b): $r\cdot(s\cdot\mathfrak{v} - t\cdot\mathfrak{b}) = r\cdot[s\cdot\mathfrak{v} + (-t\cdot\mathfrak{b})] = r\cdot[s\cdot\mathfrak{v} + (-t)\cdot\mathfrak{b}] =$
$\underset{(D_V)}{=} r\cdot(s\cdot\mathfrak{v}) + r\cdot[(-t)\cdot\mathfrak{b}] \underset{(A.)}{=} (rs)\cdot\mathfrak{v} + [r(-t)]\cdot\mathfrak{b} =$

$= (rs)\cdot\mathfrak{v} + (-rt)\cdot\mathfrak{b} = rs\cdot\mathfrak{v} - rt\cdot\mathfrak{b}.$

6.a) $(2r-s)\cdot(5\cdot\mathfrak{v} + 3\cdot\mathfrak{b} - \mathfrak{t}) + (r+s)\cdot(2\cdot\mathfrak{v} - \mathfrak{b}) - 2s\cdot\mathfrak{t} =$
$= (12r-3s)\cdot\mathfrak{v} + (5r-4s)\cdot\mathfrak{b} + (-2r-s)\cdot\mathfrak{t}.$

b) $r\cdot(r\cdot\mathfrak{v} - t\cdot\mathfrak{b}) + s\cdot(s\cdot\mathfrak{v} + t\cdot\mathfrak{t}) + t\cdot(t\cdot\mathfrak{b} - r\cdot\mathfrak{t}) =$
$= (r^2+s^2)\cdot\mathfrak{v} + (t^2-rt)\cdot\mathfrak{b} + t(s-r)\cdot\mathfrak{t}.$

7.a) $4\cdot\mathfrak{x} - 3\cdot\mathfrak{x} + 2\cdot\mathfrak{t} = -6\cdot\mathfrak{b} - 4\cdot\mathfrak{x} + 8\cdot\mathfrak{t} - \frac{1}{2}\cdot\mathfrak{t} + \frac{3}{2}\cdot\mathfrak{b} \Longleftrightarrow$

$5\cdot\mathfrak{x} = -\frac{9}{2}\cdot\mathfrak{b} + \frac{11}{2}\cdot\mathfrak{t} \Longleftrightarrow \mathfrak{x} = -\frac{9}{10}\cdot\mathfrak{b} + \frac{11}{10}\cdot\mathfrak{t}.$ $\mathfrak{x} \in V$ nach (1) und (2).

b) $\frac{3}{4}\cdot\mathfrak{b} - \frac{1}{2}\cdot\mathfrak{c} + 2\cdot\mathfrak{x} + \frac{3}{2}\cdot\mathfrak{b} - \frac{1}{2}\cdot\mathfrak{c} = \frac{2}{3}\mathfrak{b} - \frac{2}{3}\cdot\mathfrak{x} \Longleftrightarrow \frac{8}{3}\cdot\mathfrak{x} = -\frac{19}{12}\cdot\mathfrak{b} + \mathfrak{c}$

$\Longleftrightarrow \mathfrak{x} = -\frac{19}{32}\cdot\mathfrak{b} + \frac{3}{8}\cdot\mathfrak{c}$. $\mathfrak{x} \in \mathbb{V}$ nach (1) und (2).

8. Wir verwenden I.2,2.Beispiel (beim dortigen Beweis wurde (K) nicht verwendet) und erhalten: $(-\mathfrak{a}) + (-\mathfrak{b}) = (-1)\cdot\mathfrak{a} + (-1)\cdot\mathfrak{b} \underset{(D_V)}{=} (-1)\cdot(\mathfrak{a}+\mathfrak{b}) = -(\mathfrak{a}+\mathfrak{b})$.

9. $\mathfrak{a}+\mathfrak{b} \underset{(N_+)}{=} \mathfrak{o} + (\mathfrak{a}+\mathfrak{b}) \underset{(I)}{=} \mathfrak{b} + (-\mathfrak{b}) + (\mathfrak{a}+\mathfrak{b}) \underset{(N_+)}{=} \mathfrak{b} + \mathfrak{o} + (-\mathfrak{b}) + (\mathfrak{a}+\mathfrak{b}) =$

$\underset{(I)}{=} \mathfrak{b} + \mathfrak{a} + (-\mathfrak{a}) + (-\mathfrak{b}) + (\mathfrak{a}+\mathfrak{b}) \underset{(Aufg.8)}{=} \mathfrak{b} + \mathfrak{a} + [-(\mathfrak{a}+\mathfrak{b})] + (\mathfrak{a}+\mathfrak{b}) \underset{(I)}{=} \mathfrak{b}+\mathfrak{a}$.

3 Modelle

S.34 1. $\mathfrak{a} = \sum_{\nu=0}^{3} a_\nu x^\nu$; $\mathfrak{b} = \sum_{\mu=0}^{3} b_\mu x^\mu$; $\mathfrak{c} = \sum_{\lambda=0}^{3} c_\lambda x^\lambda$;

"+": $\mathfrak{a}+\mathfrak{b} := \sum_{\lambda=0}^{3}(a_\lambda+b_\lambda)x^\lambda$; "·": $r\cdot\mathfrak{a} := \sum_{\nu=0}^{3} ra_\nu x^\nu$;

Inversenfunktion: $\bar{\mathfrak{a}} := \sum_{\nu=0}^{3}(-a_\nu)x^\nu$; Nullvektor: $\mathfrak{o} := 0+0\cdot x+0\cdot x^2+0\cdot x^3$;

K: $\mathfrak{a}+\mathfrak{b} = \sum_{\lambda=0}^{3}(a_\lambda+b_\lambda)x^\lambda = \sum_{\lambda=0}^{3}(b_\lambda+a_\lambda)x^\lambda = \mathfrak{b}+\mathfrak{a}$

A_+: $(\mathfrak{a}+\mathfrak{b})+\mathfrak{c} = \sum_{\lambda=0}^{3}\left[(a_\lambda+b_\lambda)+c_\lambda\right]x^\lambda = \sum_{\lambda=0}^{3}\left[a_\lambda+(b_\lambda+c_\lambda)\right]x^\lambda = \mathfrak{a}+(\mathfrak{b}+\mathfrak{c})$

N_+: $\mathfrak{a}+\mathfrak{o} = \sum_{\nu=0}^{3}(a_\nu+0)x^\nu = \sum_{\nu=0}^{3} a_\nu x^\nu = \mathfrak{a}$

I: $\mathfrak{a}+\bar{\mathfrak{a}} = \sum_{\nu=0}^{3}[a_\nu+(-a_\nu)]x^\nu = \mathfrak{o}$

D_V: $r\cdot(\mathfrak{a}+\mathfrak{b}) = \sum_{\lambda=0}^{3}[r(a_\lambda+b_\lambda)]x^\lambda = \sum_{\lambda=0}^{3} ra_\lambda x^\lambda + \sum_{\lambda=0}^{3} rb_\lambda x^\lambda = r\cdot\mathfrak{a}+r\cdot\mathfrak{b}$

D_S: $(r+s)\cdot\mathfrak{a} = \sum_{\nu=0}^{3}(r+s)a_\nu x^\nu = \sum_{\nu=0}^{3} ra_\nu x^\nu + \sum_{\nu=0}^{3} sa_\nu x^\nu = r\cdot\mathfrak{a}+s\cdot\mathfrak{a}$

$A_\cdot$: $r\cdot(s\cdot\mathfrak{a}) = \sum_{\nu=0}^{3} rsa_\nu x^\nu = (rs)\cdot\mathfrak{a}$

$N_\cdot$: $1\cdot\mathfrak{a} = \sum_{\nu=0}^{3} 1\cdot a_\nu x^\nu = \sum_{\nu=0}^{3} a_\nu x^\nu = \mathfrak{a}$.

2. Das Nullpolynom ist nicht in dieser Menge enthalten.

3. a) M ist kein Vektorraum über $\mathbb{R}$, da (2) nicht erfüllt ist.
Z.B.: $\mathfrak{a} = 2+5x+4x^2 \in M$, $r = \frac{1}{2} \in \mathbb{R} \Longrightarrow$
$\frac{1}{2}\cdot\mathfrak{a} = 1+\frac{5}{2}x+2x^2 \notin M$, da $\frac{5}{2} \notin \mathbb{Z}$.

b) $\mathfrak{a} = a_0+a_1x+a_2x^2$, $a_i \in \mathbb{Z}$; $\mathfrak{b} = b_0+b_1x+b_2x^2$, $b_i \in \mathbb{Z}$;

(1): $\mathfrak{a}+\mathfrak{b} = (a_0+b_0)+(a_1+b_1)x+(a_2+b_2)x^2 \in M$, da $a_i+b_i \in \mathbb{Z}$

(2): $\bar{\mathfrak{a}} = -\mathfrak{a} = -a_0+(-a_1)x+(-a_2)x^2 \in M$, da $-a_i \in \mathbb{Z}$

(3): $\mathfrak{o} = 0+0\cdot x+0\cdot x^2 \in M$, da $0 \in \mathbb{Z}$
Die Axiome KA_+N_+I sind erfüllt, da sie auch in $\mathbb{Z}$ gelten.

4. $\mathfrak{a} = a_0+a_2x^2+a_4x^4$, $a_i \in \mathbb{R}$; $\mathfrak{b} = b_0+b_2x^2+b_4x^4$, $b_i \in \mathbb{R}$;

(1): $\mathfrak{a}+\mathfrak{b} = (a_0+b_0)+(a_2+b_2)x^2+(a_4+b_4)x^4 \in M$

(2): $r\cdot\mathfrak{a} = ra_0+ra_2x^2+ra_4x^4 \in M$

(3): $\bar{\mathfrak{a}} = -\mathfrak{a} = -a_0+(-a_2)x^2+(-a_4)x^4 \in M$

(4): $\mathfrak{o} = 0+0\cdot x^2+0\cdot x^4 \in M$
Die Axiome $KA_+N_+ID_VD_SA_\cdot N_\cdot$ sind erfüllt, da sie auch in $\mathbb{R}$ gelten.

5. Es seien a_i, b_i und c_i die i-ten Elemente von $\mathfrak{a}, \mathfrak{b}, \mathfrak{c}$, $i = 1,2,\ldots,n$.
Für $i = 1,2,\ldots,n$ gilt, da $a_i, b_i, c_i \in \mathbb{R}$:

K: $a_i + b_i = b_i + a_i$, also $\mathfrak{a}+\mathfrak{b} = \mathfrak{b}+\mathfrak{a}$

A_+: $(a_i+b_i) + c_i = a_i + (b_i+c_i)$, also $(\mathfrak{a}+\mathfrak{b}) + \mathfrak{c} = \mathfrak{a} + (\mathfrak{b}+\mathfrak{c})$

N_+: $a_i + 0 = a_i$, also $\mathfrak{a} + \mathfrak{o} = \mathfrak{a}$

I: $a_i + (-a_i) = 0$, also $\mathfrak{a} + \overline{\mathfrak{a}} = \mathfrak{o}$

D_V: $r\,(a_i+b_i) = ra_i+rb_i$, also $r\cdot(\mathfrak{a}+\mathfrak{b}) = r\cdot\mathfrak{a} + r\cdot\mathfrak{b}$

D_S: $(r+s)a_i = ra_i + sa_i$, also $(r+s)\cdot\mathfrak{a} = r\cdot\mathfrak{a} + s\cdot\mathfrak{a}$

$A_.$: $r(sa_i) = (rs)a_i$, also $r\cdot(s\cdot\mathfrak{a}) = (rs)\cdot\mathfrak{a}$

$N_.$: $1\cdot a_i = a_i$, also $1\cdot\mathfrak{a} = \mathfrak{a}$.

6. $\mathfrak{a}+\mathfrak{b} = (-2|0|8)$; $r\cdot\mathfrak{a} = (6|-3|9)$; $\mathfrak{a} + r\cdot\mathfrak{b} = (-10|2|18)$;
$\overline{\mathfrak{a}} = (-2|1|-3)$; $\overline{r\cdot\mathfrak{a}} = (-6|3|-9)$; $\mathfrak{o} = (0|0|0)$.
D_V: $r\cdot(\mathfrak{a}+\mathfrak{b}) = 3\cdot(-2|0|8) = (-6|0|24)$
$r\cdot\mathfrak{a} + r\cdot\mathfrak{b} = (6|-3|9) + (-12|3|15) = (-6|0|24)$;
D_S: $(r+s)\cdot\mathfrak{a} = 5\cdot(2|-1|3) = (10|-5|15)$
$r\cdot\mathfrak{a} + s\cdot\mathfrak{a} = (6|-3|9) + (4|-2|6) = (10|-5|15)$.

7.a)
$$\begin{aligned} x &= 7 \\ -y+z &= 8 \\ y+z &= 4 \end{aligned}$$
$\Rightarrow x = 7;\ y = -2;\ z = 6;$

b)
$$\begin{aligned} y+z &= -2 \\ z &= 1 \\ x+y+z &= 4 \end{aligned}$$
$\Rightarrow z = 1;\ y = -3;\ x = 6;$

8. $\mathfrak{a}+\mathfrak{b} = (1|10|1|-7)$; $5\cdot\mathfrak{a} = (-5|15|10|-20)$; $-\mathfrak{b} = (-2|-7|1|3)$;
$2\cdot\mathfrak{a} - 3\cdot\mathfrak{b} = (-8|-15|7|1)$;

S.35 9.a) Ja; b) Nein: $(1|2|3) \in M$, aber $(-2)\cdot(1|2|3) \notin M$;
c) Nein: $(1|0|0) \in M$, $(0|1|0) \in M$, aber $(1|0|0) + (0|1|0) = (1|1|0) \notin M$;
d) Ja; e) Nein: $(9|3|0) \in M$, aber $2\cdot(9|3|0) \notin M$; f) Ja;

10.a) $\mathfrak{a} = (1|2)$, $r = -1$, $s = 3$:
$(r+s)\cdot\mathfrak{a} = 2\cdot(1|2) = (2|2)$; $r\cdot\mathfrak{a} + s\cdot\mathfrak{a} = (-1)\cdot(1|2) + 3\cdot(1|2) = (-1|2) + (3|2) = (2|4)$
$(r+s)\cdot\mathfrak{a} \neq r\cdot\mathfrak{a} + s\cdot\mathfrak{a}$, also D_S nicht erfüllt.

b) $\mathfrak{a} = (5|6)$, $\mathfrak{b} = (-2|1)$:
$\mathfrak{a}+\mathfrak{b} = (5|6) + (-2|1) = (5|6)$; $\mathfrak{b}+\mathfrak{a} = (-2|1) + (5|6) = (-2|1)$
$\mathfrak{a}+\mathfrak{b} \neq \mathfrak{b}+\mathfrak{a}$, also K nicht erfüllt.

c) $\mathfrak{a} = (1|4)$, $r = 3$, $s = 2$:
$(r+s)\cdot\mathfrak{a} = 5\cdot(1|4) = (25|100)$;
$r\cdot\mathfrak{a} + s\cdot\mathfrak{a} = 3\cdot(1|4) + 2\cdot(1|4) = (9|36) + (4|16) = (13|52)$
$(r+s)\cdot\mathfrak{a} \neq r\cdot\mathfrak{a} + s\cdot\mathfrak{a}$, also D_S nicht erfüllt.

11.a) $\mathfrak{a} = (3|4|1) \in M$, $r = -2 \in \mathbb{R}$:
$r\cdot\mathfrak{a} = (-2)\cdot(3|4|1) = (-6|-8|-2) \notin M$, da $-6 < 0$.

b) $\mathfrak{a} = (1|0|0) \in M$, $\mathfrak{b} = (0|0|1) \in M$:
$\mathfrak{a}+\mathfrak{b} = (1|0|1) \notin M$, da $1^2 + 0^2 + 1^2 = 2 > 1$.

c) $\mathfrak{a} = (3|2|-4) \in M$, $r = \sqrt{2} \in \mathbb{R}$:
$r\cdot\mathfrak{a} = \sqrt{2}\cdot(3|2|-4) = (3\sqrt{2}|2\sqrt{2}|-4\sqrt{2}) \notin M$, da $3\sqrt{2}$, $2\sqrt{2}$, $-4\sqrt{2} \notin \mathbb{Q}$.

12. $\mathfrak{a} = (a_1|a_2)$, $\mathfrak{b} = (b_1|b_2)$:
(1) und (2) sind per. def. erfüllt; (3): $\overline{\mathfrak{a}} = (-a_1|-a_2)$; (4): $\mathfrak{o} = (0|0)$;

Die Axiome KA_+N_+I sind erfüllt, weil die entsprechenden Gesetze in $\mathbb{R}$ gelten.

D_V: $r\cdot(\mathfrak{a}+\mathfrak{b}) = r\cdot(a_1+b_1 | a_2+b_2) = (r(a_1+b_1)|0)$
$r\cdot\mathfrak{a} + r\cdot\mathfrak{b} = r\cdot(a_1|a_2) + r\cdot(b_1|b_2) = (ra_1|0) + (rb_1|0) = (r(a_1+b_1)|0)$

$r\cdot(\mathfrak{a}+\mathfrak{b}) = r\cdot\mathfrak{a} + r\cdot\mathfrak{b}$, also D_V erfüllt.

D_S: $(r+s)\cdot\mathfrak{a} = (r+s)\cdot(a_1|a_2) = ((r+s)a_1|0)$

$r\cdot\mathfrak{a} + s\cdot\mathfrak{a} = (ra_1|0) + (sa_1|0) = ((r+s)a_1|0)$

$(r+s)\cdot\mathfrak{a} = r\cdot\mathfrak{a} + s\cdot\mathfrak{a}$, also D_S erfüllt.

A.: $r\cdot(s\cdot\mathfrak{a}) = r\cdot(sa_1|0) = (rsa_1|0)$; $(rs)\cdot\mathfrak{a} = (rsa_1|0)$

$r\cdot(s\cdot\mathfrak{a}) = (rs)\cdot\mathfrak{a}$, also A. erfüllt.

N.: $1\cdot\mathfrak{a} = 1\cdot(a_1|a_2) = (1\cdot a_1|0) = (a_1|0)$

$1\cdot\mathfrak{a} \neq \mathfrak{a}$, also N. nicht erfüllt.

13. Da (V,+) eine kommutative Gruppe ist, gelten die Axiome KA_+N_+I.

D_V: $r\cdot(\mathfrak{a}+\mathfrak{b}) = \mathfrak{o}$; $r\cdot\mathfrak{a} + r\cdot\mathfrak{b} = \mathfrak{o}+\mathfrak{o} = \mathfrak{o}$;

D_S: $(r+s)\cdot\mathfrak{a} = \mathfrak{o}$; $r\cdot\mathfrak{a} + s\cdot\mathfrak{a} = \mathfrak{o}+\mathfrak{o} = \mathfrak{o}$;

A.: $r\cdot(s\cdot\mathfrak{a}) = \mathfrak{o}$; $(rs)\cdot\mathfrak{a} = \mathfrak{o}$;

N.: Für $\mathfrak{a} \neq \mathfrak{o}$ gilt: $1\cdot\mathfrak{a} = \mathfrak{o}$, also $\mathfrak{a} \neq 1\cdot\mathfrak{a}$.

14.a) b) c): (1) und (2) sind bei der gewöhnlichen Addition und Multiplikat. erfüllt.

(3): $\mathfrak{a} = a,\ a \in \begin{cases}\mathbb{R}\\ \mathbb{Q}\end{cases}$: $\bar{\mathfrak{a}} = -a,\ -a \in \begin{cases}\mathbb{R}\\ \mathbb{Q}\end{cases}$; (4): $0 \in \begin{cases}\mathbb{R}\\ \mathbb{Q}\end{cases}$

Die Axiome $KA_+N_+ID_VD_SA.N.$ sind in $\mathbb{R}$ bzw. $\mathbb{Q}$ erfüllt.

$\mathbb{Q}$ ist kein Vektorraum über $\mathbb{R}$, denn für $r \in \mathbb{R}\setminus\mathbb{Q}$, $q \in \mathbb{Q}$ gilt $rq \notin \mathbb{Q}$.

4 Untervektorräume

S.37 1. Für $\mathfrak{a} \in S$ gilt $1\cdot\mathfrak{a} = \mathfrak{a} \in \mathbb{L}(S)$, also $S \subset \mathbb{L}(S)$. Damit ist $\mathbb{L}(S)$ nicht leer.
Mit $\mathfrak{a}, \mathfrak{b} \in \mathbb{L}(S)$ gilt offensichtlich auch $\mathfrak{a}+\mathfrak{b}$ und $r\cdot\mathfrak{a} \in \mathbb{L}(S)$. Die Beh. folgt damit aus I.4.1,Satz (S.34).

2. $\mathbb{V}_1$ und $\mathbb{V}_2$ sind nichtleere Teilmengen von $\mathbb{V}$. Die Beh. folgt aus I.4.1,Satz (S.34), denn es gilt:

a) $\mathfrak{b}_1 = \lambda_1\cdot\mathfrak{a}$, $\mathfrak{b}_2 = \lambda_2\cdot\mathfrak{a}$:

$\mathfrak{b}_1 + \mathfrak{b}_2 = (\lambda_1 + \lambda_2)\cdot\mathfrak{a} \in \mathbb{V}_1$; $r\cdot\mathfrak{b}_1 = r\lambda_1\cdot\mathfrak{a} \in \mathbb{V}_1$;

b) $\mathfrak{x}_1 = \lambda_1\cdot\mathfrak{a} + \mu_1\cdot\mathfrak{b}$, $\mathfrak{x}_2 = \lambda_2\cdot\mathfrak{a} + \mu_2\cdot\mathfrak{b}$:

$\mathfrak{x}_1 + \mathfrak{x}_2 = (\lambda_1+\lambda_2)\cdot\mathfrak{a} + (\mu_1+\mu_2)\cdot\mathfrak{b} \in \mathbb{V}_2$;

$r\cdot\mathfrak{x}_1 = r\lambda_1\cdot\mathfrak{a} + r\mu_1\cdot\mathfrak{b} \in \mathbb{V}_2$.

3. Die Mengen M sind nichtleere Teilmengen von $\mathbb{V}$.

a) $\mathfrak{a} = (a_1|b_1|0)$, $\mathfrak{b} = (a_2|b_2|0)$:

$\mathfrak{a}+\mathfrak{b} = (a_1+a_2|b_1+b_2|0) \in M$; $r\cdot\mathfrak{a} = (ra_1|rb_1|0) \in M \Rightarrow$ M ist Untervektorr.

b) $\mathfrak{a} = (a_1|b_1|c_1)$ mit $a_1+b_1+c_1 = 0$, $\mathfrak{b} = (a_2|b_2|c_2)$ mit $a_2+b_2+c_2=0$:

$\mathfrak{a}+\mathfrak{b} = (a_1+a_2|b_1+b_2|c_1+c_2)$ mit $(a_1+a_2)+(b_1+b_2)+(c_1+c_2) =$
$= (a_1+b_1+c_1)+(a_2+b_2+c_2) = 0+0 = 0$, d.h. $\mathfrak{a}+\mathfrak{b} \in M$;

$r\cdot\mathfrak{a} = (ra_1|rb_1|rc_1)$ mit $ra_1+rb_1+rc_1 = r(a_1+b_1+c_1) = r\cdot 0 = 0$, d.h.
$r\cdot\mathfrak{a} \in M \Rightarrow$ M ist Untervektorraum.

S. 38 c) $\mathfrak{a} = (a_1|b_1|1)$, $\mathfrak{b} = (a_2|b_2|1)$:

$\mathfrak{a}+\mathfrak{b} = (a_1+a_2|b_1+b_2|2) \notin M \Rightarrow M$ ist kein Untervektorraum.

d) $\mathfrak{a} = (2a_1|0|3a_1)$, $\mathfrak{b} = (2a_2|0|3a_2)$:

$\mathfrak{a}+\mathfrak{b} = (2(a_1+a_2)|0|3(a_1+a_2)) \in M$; $r\cdot\mathfrak{a} = (2ra_1|0|3ra_2) \in M$

$\Rightarrow$ M ist Untervektorraum.

e) $\mathfrak{a} = (a_1-b_1|a_1+b_1|a_1)$, $\mathfrak{b} = (a_2-b_2|a_2+b_2|a_2)$:

$\mathfrak{a}+\mathfrak{b} = ((a_1+a_2)-(b_1+b_2)|(a_1+a_2)+(b_1+b_2)|a_1+a_2) \in M$;

$r\cdot\mathfrak{a} = (ra_1-rb_1|ra_1+rb_1|ra_1) \in M \Rightarrow M$ ist Untervektorraum.

f) $\mathfrak{a} = (4a_1|3a_1|a_1^2)$, $\mathfrak{b} = (4a_2|3a_2|a_2^2)$:

$\mathfrak{a}+\mathfrak{b} = (4(a_1+a_2)|3(a_1+a_2)|a_1^2+a_2^2) \notin M \Rightarrow M$ ist kein Untervektorraum.

4. Durchschnitt: Zunächst liegt der Nullvektor in jedem der betreffenden Untervektorräume $\mathbb{U}_i$, also auch im Durchschnitt. Dieser ist also nicht leer.
Sind $\mathfrak{a}$ und $\mathfrak{b}$ beliebige Vektoren aus dem Durchschnitt der $\mathbb{U}_i$, dann gehören sie auch zu jedem dieser $\mathbb{U}_i$. Also gehört auch $\mathfrak{a}+\mathfrak{b}$ und $r\cdot\mathfrak{a}$ zu jedem $\mathbb{U}_i$ und damit zum Durchschnitt.
Damit ist der Durchschnitt ein Untervektorraum von $\mathbb{V}$.

Vereinigung: $\mathbb{U}_1 = \{(a|0)\,|\,a \in \mathbb{R}\}$, $\mathbb{U}_2 = \{(0|b)\,|\,b \in \mathbb{R}\}$ sind Untervektorräume des $\mathbb{R}^2$.
$\mathbb{U}_1 \cup \mathbb{U}_2$ ist kein Untervektorraum des $\mathbb{R}^2$, da z.B. $(a|0)+(0|b)=(a|b) \notin \mathbb{U}_1 \cup \mathbb{U}_2$.

II. Basis und Dimension

1 Linearkombination

S. 47 1.a) $(2|-1|3) = \frac{11}{61}\cdot(2|4|3) - \frac{40}{61}\cdot(1|0|-2) + \frac{35}{61}\cdot(4|-3|2)$;

b) Die verlangte Linearkombination ist nicht möglich.

2. $\mathfrak{a} = \lambda_1\cdot\mathfrak{a}_1 + \lambda_2\cdot\mathfrak{a}_2$

$$\begin{array}{rcll} \lambda_1 + 4\lambda_2 &=& -2 & \text{I } /\cdot 2 \\ -2\lambda_1 - 3\lambda_2 &=& 5 & \text{II} \\ 5\lambda_2 &=& s & \text{III} \\ \hline \text{II + I'}: \quad 5\lambda_2 &=& 1 & \Rightarrow \lambda_2 = \frac{1}{5} \end{array}$$

eingesetzt in III $\Rightarrow$ s = 1;

eingesetzt in I $\Rightarrow \lambda_1 = -\frac{14}{5}$ und damit erhält man

$\mathfrak{v} = (-1)\cdot\mathfrak{a} - \frac{14}{5}\cdot\mathfrak{a}_1 + \frac{1}{5}\cdot\mathfrak{a}_2$.

3. $-3x^2 - 8x + 1 = \lambda_1(-4x^2 + x - 2) + \lambda_2(x^2 - 2x + 1)$
Zusammenfassen und Koeffizientenvergleich ergibt $\lambda_1 = 2$, $\lambda_2 = 5$, also $\mathfrak{a} = 2\cdot\mathfrak{a}_1 + 5\cdot\mathfrak{a}_2$.

4. $-3x^2 + x + 4 = \lambda_1(-2x^2 + 5x + 1) + \lambda_2(-3x^2 + 2) + \lambda_3(x^2 + 3x)$
Zusammenfassen und Koeffizientenvergleich ergibt
$\lambda_1 = -\frac{16}{13}$, $\lambda_2 = \frac{34}{13}$, $\lambda_3 = \frac{31}{13}$, also $\mathfrak{a} = -\frac{16}{13}\cdot\mathfrak{a}_1 + \frac{34}{13}\cdot\mathfrak{a}_2 + \frac{31}{13}\cdot\mathfrak{a}_3$.

5.a) $\mathfrak{a} = \frac{1}{2}\cdot(\mathfrak{a}+\mathfrak{b}) + \frac{1}{2}\cdot(\mathfrak{a}-\mathfrak{b})$

b) $\mathfrak{a} = \frac{2}{3}\cdot(\mathfrak{a}-\mathfrak{b}) + \frac{1}{3}\cdot(2\mathfrak{b}+\mathfrak{a}) + 0\cdot\mathfrak{c}$

c) $\mathfrak{a} = \frac{1}{2}\cdot(2\cdot\mathfrak{a} - \mathfrak{b} + \mathfrak{c}) + (-\frac{1}{14})\cdot(\mathfrak{b} + 3\cdot\mathfrak{c}) + (-\frac{2}{7})\,(\mathfrak{c} - 2\cdot\mathfrak{b})$.

6. $\mathfrak{x} = \lambda_1\cdot\mathfrak{b}_1 + \ldots + \lambda_m\cdot\mathfrak{b}_m$, mit

$$\mathfrak{b}_1 = \mu_{11}\cdot\mathfrak{a}_1 + \ldots + \mu_{1n}\cdot\mathfrak{a}_n$$
$$\vdots$$
$$\mathfrak{b}_m = \mu_{m1}\cdot\mathfrak{a}_1 + \ldots + \mu_{mn}\cdot\mathfrak{a}_n$$
$$\Rightarrow \mathfrak{x} = (\sum_{i=1}^{m} \lambda_i\mu_{i1})\cdot\mathfrak{a}_1 + \ldots + (\sum_{i=1}^{m} \lambda_i\mu_{in})\cdot\mathfrak{a}_n.$$

7. Nach II.1.7,Satz 1 sind zwei Vektoren genau dann linear abhängig, wenn der eine ein Vielfaches des anderen ist:

a) linear unabhängig; b) linear abhängig, da $\mathfrak{a} = -\frac{1}{4}\cdot\mathfrak{b}$;

c) linear unabhängig; d) linear abhängig, da $\mathfrak{a} = -3\cdot\mathfrak{b}$;

e) linear unabhängig; f) linear abhängig, da $\mathfrak{a} = -\frac{1}{3}\cdot\mathfrak{b}$;

S.48 8.a) $\lambda_1(1 - 4x + 2x^2 + 3x^3) + \lambda_2(1 + 2x + 4x^2 - x^3) + \lambda_3(2 - x - 3x^2+5x^3) = 0$;

Zusammenfassen und Koeffizientenvergleich (Nullsetzen) ergibt $\lambda_1 = \lambda_2 = \lambda_3 = 0$, also: linear unabhängig;

b) Analog ergibt sich: $\lambda_1 = 1$, $\lambda_2 = -3$, $\lambda_3 = 1$, also: linear abhängig.

9. $$\lambda_1\cdot(\mathfrak{a}+\mathfrak{b}-\mathfrak{c}) + \lambda_2\,(\mathfrak{b}-\mathfrak{c}) + \lambda_3\,(\mathfrak{a}+\mathfrak{b}) = \mathfrak{o}$$
$$\Leftrightarrow (\lambda_1+\lambda_3)\cdot\mathfrak{a} + (\lambda_1+\lambda_2+\lambda_3)\cdot\mathfrak{b} + (-\lambda_1-\lambda_2)\cdot\mathfrak{c} = \mathfrak{o}$$
$$\Leftrightarrow \begin{cases} \lambda_1 + + \lambda_3 = 0 \\ \lambda_1 + \lambda_2 + \lambda_3 = 0 \\ \lambda_1 + \lambda_2 = 0 \end{cases} \Rightarrow \lambda_1 = \lambda_2 = \lambda_3 = 0,$$

also: linear unabhängig.

10.a) $$\begin{pmatrix}0\\0\\\vdots\\0\\0\end{pmatrix} = \lambda_1\cdot\begin{pmatrix}1\\0\\\vdots\\0\\0\end{pmatrix} + \lambda_2\cdot\begin{pmatrix}0\\1\\0\\\vdots\\0\end{pmatrix} + \ldots + \lambda_n\cdot\begin{pmatrix}0\\0\\\vdots\\0\\1\end{pmatrix} \Leftrightarrow \lambda_i = 0,\quad i = 1,2,\ldots,n.$$

b) Jedes n–Tupel läßt sich als Linearkombination der gegebenen Vektoren darstellen. Mit 1.7,Satz 1 folgt die Behauptung.

11. Gegenbeispiel: $\mathfrak{a} = (-3|5|1)$, $\mathfrak{b} = (1|-\frac{5}{3}|-\frac{1}{3})$, $\mathfrak{c} = (1|2|-1)$:

$\{\mathfrak{a}, \mathfrak{b}, \mathfrak{c}\}$ ist linear abhängig, da

$(-3|5|1) + 3(1|-\frac{5}{3}|-\frac{1}{3}) + 0\cdot(1|2|-1) = (0|0|0)$;

$\mathfrak{c}$ als Linearkombination von $\mathfrak{a}$ und $\mathfrak{b}$:

$$\lambda_1(-3|5|1) + \lambda_2(1|-\frac{5}{3}|-\frac{1}{3}) = (1|2|-1)$$
$$\Leftrightarrow \begin{cases} -3\lambda_1 + \lambda_2 = 1 & \text{I} \\ 5\lambda_1 - \frac{5}{3}\lambda_2 = 2 & \text{II} \\ \lambda_1 - \frac{1}{3}\lambda_2 = -1 & \text{III} \;|\cdot(-5) \end{cases}$$

II + III': $0\cdot\lambda_1 + 0\cdot\lambda_2 = 7$

Nicht lösbar, also läßt sich $\mathfrak{c}$ nicht als Linearkombination von $\mathfrak{a}$ und $\mathfrak{b}$ darstellen.

12.a) Linear abhängig; b) Linear abhängig, da Nullvektor zur Menge gehört (II.1.5, Satz 2); c) Linear abhängig, da $2\cdot\mathfrak{a} = 2\cdot\mathfrak{a} + 0\cdot\mathfrak{b}$ (II.1.7, Satz 1);

d) $\{(2|-3|1), (-1|\frac{3}{2}|-\frac{1}{2})\}$ linear abhängig, da $(2|-3|1) = -2(-1|\frac{3}{2}|-\frac{1}{2})$;
Die andere Menge ist linear abhängig, da sie Obermenge einer linear abhängigen Menge ist (II.1.7, Satz 2);

e) $\{(5|-4|3), (1|-1|0), (0|1|2)\}$ linear unabhängig;
Die andere Menge ist linear unabhängig, da sie Teilmenge einer linear unabhängigen Menge ist (II.1.7, Satz 3).

13. Beweis: (Wir betrachten gleich den Fall $\mathfrak{b} \neq \mathfrak{o}$)
Da $\{\mathfrak{a}_1, \mathfrak{a}_2, \ldots, \mathfrak{a}_m, \mathfrak{b}\}$ linear abhängig, gibt es Skalare $\lambda_1, \lambda_2, \ldots, \lambda_m, \mu$, die nicht alle 0 sind, so daß

$$\lambda_1\cdot\mathfrak{a}_1 + \lambda_2\cdot\mathfrak{a}_2 + \ldots + \lambda_m\cdot\mathfrak{a}_m + \mu\cdot\mathfrak{b} = \mathfrak{o}.$$

Wenn $\mu = 0$, dann ist eines der $\lambda_i \neq 0$ und
$\lambda_1\cdot\mathfrak{a}_1 + \lambda_2\cdot\mathfrak{a}_2 + \ldots + \lambda_m\cdot\mathfrak{a}_m = \mathfrak{o}$ im Widerspruch zur vorausgesetzten linearen Unabhängigkeit von $\{\mathfrak{a}_1, \mathfrak{a}_2, \ldots, \mathfrak{a}_m\}$.
Also $\mu \neq 0$ und damit

$$\mathfrak{b} = -\frac{\lambda_1}{\mu}\mathfrak{a}_1 - \frac{\lambda_2}{\mu}\mathfrak{a}_2 - \ldots - \frac{\lambda_m}{\mu}\mathfrak{a}_m,$$

d.h. $\mathfrak{b}$ läßt sich als Linearkombination der $\mathfrak{a}_i$ darstellen.

2 Basis und Dimension

S. 55 1. Wegen dim V = 3 muß man nur zeigen: $\{\mathfrak{a}_1, \mathfrak{a}_2, \mathfrak{a}_3\}$ linear unabhängig.

2.a) Man erhält $2\cdot\mathfrak{a}_1 + 3\cdot\mathfrak{a}_2 + \mathfrak{a}_3 = \mathfrak{o}$, also ist $\{\mathfrak{a}_1, \mathfrak{a}_2, \mathfrak{a}_3\}$ linear abhängig und damit keine Basis von $\mathbb{V}$.

b)
$$\begin{array}{rl} \lambda_1 - \lambda_2 + \lambda_3 = a & \text{I } /\cdot(-2) \\ 2\lambda_1 + 3\lambda_2 - 13\lambda_3 = b & \text{II} \\ \lambda_2 - 3\lambda_3 = c & \text{III } /\cdot(-5) \\ \hline \text{II + I': } 5\lambda_2 - 15\lambda_3 = -2a + b & \text{IV} \\ \text{IV + III': } 0\cdot\lambda_2 + 0\cdot\lambda_3 = -2a + b - 5c & \end{array}$$

$\Rightarrow$ Bedingung: $0 = -2a + b - 5c$.

3. $\mathfrak{a} = (a_1|a_1|b_1)$, $\mathfrak{b} = (a_2|a_2|b_2)$:
$\mathfrak{a}+\mathfrak{b} = (a_1+a_2|a_1+a_2|b_1+b_2) \in M$; $r\cdot\mathfrak{a} = (ra_1|ra_1|rb_1) \in M$
$\Rightarrow$ M ist (Unter)Vektorraum.
Basis: $\{(1|1|0), (0|0|1)\}$; dim M = 2.

4.a) $\{\mathfrak{b}_1, \mathfrak{b}_2\}$ linear unabhängig $\Rightarrow$ dim U = 2.

b) $\mathfrak{a}_1 = 3\cdot\mathfrak{b}_1 + 2\cdot\mathfrak{b}_2 \Rightarrow \mathfrak{a}_1 \in U$; $\mathfrak{a}_2 \notin U$; $\mathfrak{a}_3 \notin U$.

5.a)
$$\begin{pmatrix} 1 & 3 & 2 \\ 4 & -1 & 0 \\ -1 & 2 & 1 \end{pmatrix} \rightarrow \begin{pmatrix} 1 & 0 & 0 \\ 4 & -13 & -8 \\ -1 & 5 & 3 \end{pmatrix} \rightarrow \begin{pmatrix} 1 & 0 & 0 \\ 4 & 1 & 0 \\ -1 & -\frac{5}{13} & -\frac{1}{13} \end{pmatrix}$$

U = V, dim U = dim V = 3.

b) $\begin{pmatrix} 1 & 0 & 3 \\ 1 & 1 & 1 \\ 0 & 1 & -2 \end{pmatrix} \longrightarrow \begin{pmatrix} 1 & 0 & 0 \\ 1 & 1 & -2 \\ 0 & 1 & -2 \end{pmatrix} \longrightarrow \begin{pmatrix} 1 & 0 & 0 \\ 1 & 1 & 0 \\ 0 & 1 & 0 \end{pmatrix}$

nicht gesamter Vektorraum (echter Untervektorraum), dim U = 2.

S. 56 6. $\begin{pmatrix} 1 & 6 & 3 \\ 4 & 1 & 5 \\ 2 & 1 & 2 \end{pmatrix} \longrightarrow \begin{pmatrix} 1 & 0 & 0 \\ 4 & -23 & -7 \\ 2 & -11 & -4 \end{pmatrix} \longrightarrow \begin{pmatrix} 1 & 0 & 0 \\ 4 & -23 & 21 \\ 2 & -11 & 12 \end{pmatrix}$

$\begin{pmatrix} 1 & 0 & 0 \\ 4 & -2 & 21 \\ 2 & 1 & 12 \end{pmatrix} \longrightarrow \begin{pmatrix} 1 & 0 & 0 \\ 4 & -2 & 45 \\ 2 & 1 & 0 \end{pmatrix} \longrightarrow \begin{pmatrix} 1 & 0 & 0 \\ 4 & 1 & 0 \\ 2 & 0 & 1 \end{pmatrix}$

Also: $\left\{ \begin{pmatrix} 1 \\ 4 \\ 2 \end{pmatrix}, \begin{pmatrix} 6 \\ 1 \\ 1 \end{pmatrix}, \begin{pmatrix} 3 \\ 5 \\ 2 \end{pmatrix} \right\}$ linear unabhängig und damit Basis.

Jeder Vektor läßt sich als Linearkombination dieser Elemente darstellen.

7. Wegen dim V = 4 ist nur zu zeigen, daß die gegebene Vektormenge linear unabhängig ist.

8. Zunächst ergibt sich: $\{\mathfrak{a}, \mathfrak{b}, \mathfrak{c}\}$ linear abhängig;
$\{\mathfrak{a}, \mathfrak{b}\}$ ist linear unabhängig; $\mathfrak{a}$ und $\mathfrak{b}$ spannen bereits U auf;
$\{\mathfrak{a}, \mathfrak{b}\}$ ist also Basis von U und es gilt dim U = 2.

9. Zunächst ergibt sich: $\{\mathfrak{a}, \mathfrak{b}, \mathfrak{c}\}$ linear abhängig;
$\{\mathfrak{a}, \mathfrak{b}\}$ ist linear unabhängig; $\mathfrak{a}$ und $\mathfrak{b}$ spannen bereits U auf;
$\{\mathfrak{a}, \mathfrak{b}\}$ ist also Basis von U und es gilt dim U = 2.

10.a)b) Keine Basis, denn wegen dim V = 3 muß eine Basis genau 3 Elemente enthalten.

c) 3 Vektoren bilden genau dann eine Basis, wenn sie linear unabhängig sind. In diesem Fall sind sie aber linear abhängig, bilden also keine Basis.

d) Die drei Vektoren sind linear unabhängig, bilden also eine Basis.

11.a) Dimension 1, da $(-3|2|3) = -3(1|-\frac{2}{3}|-1)$;

b) Dimension 2

c) Dimension 1, da $-1 + 2x + x^2 = \frac{1}{2}(-2 + 4x + 2x^2)$;

d) Dimension 2.

12.a) Standard-Basis: $\{(1|0|0), (0|1|0)\}$, also dim V = 2.

b) $\lambda_1 \cdot \mathfrak{a}_1 + \lambda_2 \cdot \mathfrak{a}_2 = \mathfrak{o} \implies \lambda_1 = \lambda_2 = 0$, also $\{\mathfrak{a}_1, \mathfrak{a}_2\}$ Basis.

13.a)b) Beide Vektorräume haben die Dimension 3. Nach II.2.1, Satz 3 sind dann 4 Vektoren immer linear abhängig.

14. Z.B.: $\mathfrak{a} = \mathfrak{b}_1 + \frac{5}{7} \cdot \mathfrak{b}_2 + (-\frac{2}{7}) \cdot \mathfrak{b}_3$; $\mathfrak{a} = 2 \cdot \mathfrak{b}_1 + \frac{19}{7} \cdot \mathfrak{b}_2 + (-\frac{9}{7}) \cdot \mathfrak{b}_3$.

S.57 15.a) $\lambda_1 \cdot \mathfrak{b}_1 + \lambda_2 \cdot \mathfrak{b}_2 + \lambda_3 \cdot \mathfrak{b}_3 = \mathfrak{o}$

$$\Longleftrightarrow \begin{array}{rcrcrcll} \lambda_1 & + & a\lambda_2 & + & a\lambda_3 & = & 0 & \quad \text{I} \\ 2a\lambda_1 & & & + & \lambda_3 & = & 0 & \quad \text{II} \\ & & 2a\lambda_2 & + & a\lambda_3 & = & 0 & \quad \text{III} \\ \lambda_1 & + & \lambda_2 & & & = & 0 & \quad \text{IV} \end{array}$$

Wir lösen zunächst das System aus I, II, IV:

Aus II und IV folgt: $\lambda_2 = -\lambda_1$, $\lambda_3 = -2a\lambda_1$;

Eingesetzt in I: $\lambda_1 - a\lambda_1 - 2a^2\lambda_1 = 0$

$\lambda_1(1 - a - 2a^2) = 0$

Für $\lambda_1 = 0$ folgt $\lambda_2 = \lambda_3 = 0$

Nach Vor. ist dies nicht möglich.

Also: $\lambda_1 \neq 0$:

$$\Rightarrow \quad 2a^2 + a - 1 = 0$$
$$a = -1 \vee a = 0{,}5$$

Die Gleichung III wird nur für $a = -1$ erfüllt.

Nur für $a = -1$ ist $\{\vec{b}_1, \vec{b}_2, \vec{b}_3\}$ linear abhängig.

b) Z.B. $a = 0$: $\{(1|0|0|1), (0|0|0|1), (0|1|0|0)\}$ wird durch $(0|0|1|0)$ zu einer Basis des $\mathbb{R}^4$ ergänzt.

16. Zu zeigen ist: $\{\vec{a}_1, \vec{b}_1\}$ linear unabhängig $\Leftrightarrow r_1s_2 - s_1r_2 \neq 0$

"$\Leftarrow$": Es gilt $r_1s_2 - s_1r_2 \neq 0$

Aus $\lambda \cdot \vec{a}_1 + \mu \cdot \vec{b}_1 = \vec{o}$ folgt

$(\lambda r_1 + \mu r_2)\vec{a} + (\lambda s_1 + \mu s_2)\vec{b} = \vec{o}$.

Wegen $\{\vec{a}, \vec{b}\}$ Basis gilt:

$$\lambda r_1 + \mu r_2 = 0 \qquad \text{I } /\cdot(-s_1)$$
$$\lambda s_1 + \mu s_2 = 0 \qquad \text{II } /\cdot r_1$$

I' + II': $\mu(r_1s_2 - s_1r_2) = 0$

Wegen $(r_1s_2 - s_1r_2) \neq 0$ folgt $\mu = 0$

Analog: $\lambda(r_1s_2 - s_1r_2) = 0 \Rightarrow \lambda = 0$.

Also: $\{\vec{a}_1, \vec{b}_1\}$ linear unabhängig.

"$\Rightarrow$": Es gilt: $\{\vec{a}_1, \vec{b}_1\}$ linear unabhängig $\Leftrightarrow (\lambda \cdot \vec{a}_1 + \mu \cdot \vec{b}_1 = \vec{o} \Leftrightarrow (\lambda|\mu) = (0|0))$

Für $(\lambda r_1 + \mu r_2)\vec{a} + (\lambda s_1 + \mu s_2)\cdot\vec{b} = \vec{o}$ heißt das:

$\left\{\begin{array}{l}\lambda r_1 + \mu r_2 = 0 \\ \lambda s_1 + \mu s_2 = 0\end{array}\right\}$ darf nur für $(\lambda|\mu) = (0|0)$ gelten.

Wie oben erhalten wir

$\lambda(r_1s_2 - r_2s_1) = 0$ und $\mu(r_1s_2 - r_2s_1) = 0$ und damit als Bedingung für r_1, r_2, s_1, s_2: $r_1s_2 - r_2s_1 \neq 0$, genau dann gilt nämlich $\lambda = \mu = 0$.

17. a) Basis: $\{1\}$, Dimension 1;

b)c): keine endliche Basis, keine endliche Dimension;

Zu c): Begründung:

Annahme: Es gibt eine endliche Basis.
Da $\mathbb{Q}$ abzählbar ist, ist die Menge aller Linearkombinationen der Basiselemente wieder abzählbar. Sie kann aber nicht gleich $\mathbb{R}$ sein, da $\mathbb{R}$ überabzählbar ist.

18.a) $\vec{a} = \lambda_1(x+1)^2 + \lambda_2(x-1)^2$

Für $\lambda_1 \neq -\lambda_2$ erhält man durch quadratische Ergänzung:

$$\vec{a} = (\lambda_1 + \lambda_2)\left(x + \frac{\lambda_1 - \lambda_2}{\lambda_1 + \lambda_2}\right)^2 + \frac{4\lambda_1\lambda_2}{\lambda_1 + \lambda_2}$$

Zugeordnete Funktionsgleichung:

$$y = (\lambda_1 + \lambda_2)\left(x - \frac{\lambda_2 - \lambda_1}{\lambda_1 + \lambda_2}\right)^2 + \frac{4\lambda_1\lambda_2}{\lambda_1 + \lambda_2}$$

Verschiebungsform:

$$\left(x - \frac{\lambda_2 - \lambda_1}{\lambda_1 + \lambda_2}\right)^2 = \frac{1}{\lambda_1+\lambda_2}\left(y - \frac{4\lambda_1\lambda_2}{\lambda_1+\lambda_2}\right)$$

Graph: Parabel mit Scheitelpunkt $(x_S|y_S) = \left(\frac{\lambda_2 - \lambda_1}{\lambda_1 + \lambda_2} \,\middle|\, \frac{4\lambda_1\lambda_2}{\lambda_1+\lambda_2}\right)$

Man erkennt:

$$\left.\begin{array}{l} x_S = 1 \iff (\lambda_1 = 0 \wedge \lambda_2 \text{ beliebig}) \\ x_S = -1 \iff (\lambda_2 = 0 \wedge \lambda_1 \text{ beliebig}) \end{array}\right\} \Longrightarrow y_s = 0$$

Umgekehrt gilt: $y_S = 0 \iff (\lambda_1 = 0 \vee \lambda_2 = 0) \iff (x_S = 1 \vee x_S = -1)$

Damit ergibt sich die Behauptung.

Im Fall $\lambda_1 = -\lambda_2$ erhält man Geraden durch den Ursprung.

b) $\mathfrak{b}_1 + \mathfrak{b}_2 = 2x^2 + 2$; $\mathfrak{b}_1 - \mathfrak{b}_2 = 4x$;

$\mathfrak{a} = \lambda_1(2x^2 + 2) + \lambda_2\, 4x$

Für $\lambda_1 \neq 0$ erhält man durch quadratische Ergänzung:

$$\mathfrak{a} = 2\lambda_1\left(x + \frac{\lambda_2}{\lambda_1}\right)^2 + \frac{2(\lambda_1^2 - \lambda_2^2)}{\lambda_1}$$

Verschiebungsform der Funktionsgleichung:

$$\left(x - \left(-\frac{\lambda_2}{\lambda_1}\right)\right)^2 = \frac{1}{2\lambda_1}\left(y - \frac{2(\lambda_1^2 - \lambda_2^2)}{\lambda_1}\right)$$

Graph: Parabel mit Scheitelpunkt $(x_S|y_S) = \left(-\frac{\lambda_2}{\lambda_1} \quad \frac{2(\lambda_1^2-\lambda_2^2)}{\lambda_1}\right)$

Man erkennt:

$$\left.\begin{array}{l} x_S = 1 \iff \lambda_1 = -\lambda_2,\ \lambda_1 \neq 0, \text{ sonst beliebig} \\ x_S = -1 \iff \lambda_1 = \lambda_2,\ \lambda_1 \neq 0, \text{ sonst beliebig} \end{array}\right\} \Longrightarrow y_S = 0$$

Umgekehrt gilt: $y_S = 0 \iff (\lambda_1 = -\lambda_2 \vee \lambda_1 = \lambda_2) \iff$
$\iff (x_S = 1 \vee x_S = -1)$

Im Fall $\lambda_1 = 0$ erhält man Geraden durch den Ursprung.

c) $\mathfrak{a}_2 = 2 \cdot \mathfrak{a}_1$, also linear abhängig.

19. Wegen dim V = 3 ist nur zu zeigen: $\{(x-1)^2, x^2, (x+1)^2\}$ ist linear unabhängig:
Der Ansatz $\lambda_1(x-1)^2 + \lambda_2 x^2 + \lambda_3(x+1)^2 = 0$ ergibt $\lambda_1 = \lambda_2 = \lambda_3 = 0$;
$x^2 + 2x + 2 = \lambda_1(x-1)^2 + \lambda_2 x^2 + \lambda_3(x+1)^2$
Ausmultiplizieren und Koeffizientenvergleich ergibt schließlich
$\lambda_1 = \frac{1}{2}$, $\lambda_2 = -1$, $\lambda_3 = \frac{3}{2}$.

20. a) $y = x+1$, $y = x-1$: Basis $\{x+1, x-1\}$ oder $y = 1$, $y = x$: Basis $\{1, x\}$;
b) $x+1$ und $2x+2$ sind linear abhängig, bilden also keine Basis.

S. 59 1. a)

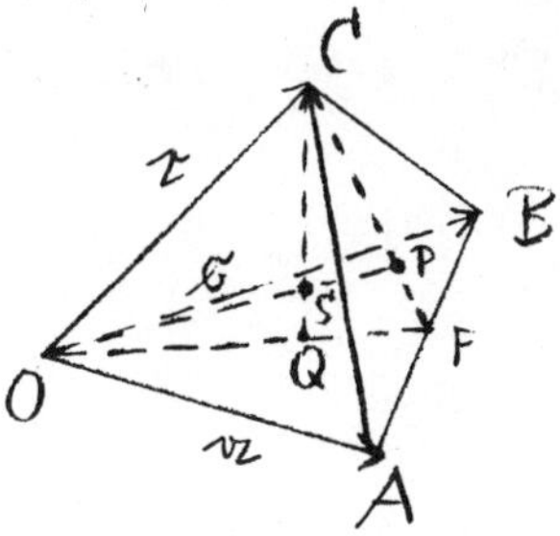

Grundvektoren: $\mathfrak{a}, \mathfrak{b}, \mathfrak{c}$

$\overrightarrow{AB} = \mathfrak{b} - \mathfrak{a}$

$\overrightarrow{OF} = \overrightarrow{OA} + \frac{1}{2}\cdot\overrightarrow{AB} = \frac{1}{2}\cdot(\mathfrak{a} + \mathfrak{b})$

$\overrightarrow{FC} = \mathfrak{c} - \overrightarrow{OF} = \mathfrak{c} - \frac{1}{2}\cdot(\mathfrak{a}+\mathfrak{b}) =$
$= -\frac{1}{2}\mathfrak{a} - \frac{1}{2}\mathfrak{b} + \mathfrak{c}$;

$\overrightarrow{FP} = \frac{1}{3}\cdot\overrightarrow{FC} = -\frac{1}{6}\mathfrak{a} - \frac{1}{6}\mathfrak{b} + \frac{1}{3}\mathfrak{c}$;

$$\overrightarrow{OP} = \overrightarrow{OF} + \overrightarrow{FP} = \tfrac{1}{2}(\vec{a}+\vec{b}) - \tfrac{1}{6}\cdot\vec{a} - \tfrac{1}{6}\cdot\vec{b} + \tfrac{1}{3}\cdot\vec{c} = \tfrac{1}{3}(\vec{a}+\vec{b}+\vec{c});$$

$$\overrightarrow{OQ} = \tfrac{2}{3}\cdot\overrightarrow{OF} = \tfrac{1}{3}(\vec{a}+\vec{b}); \quad \overrightarrow{CQ} = \overrightarrow{OQ} - \vec{c} = \tfrac{1}{3}(\vec{a}+\vec{b}) - \vec{c};$$

2.

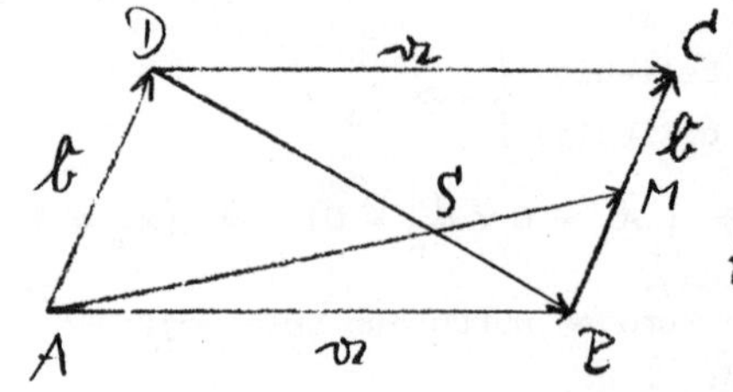

$\overrightarrow{BM} = \frac{1}{2}\cdot\vec{b}$; $\overrightarrow{DB} = \vec{a} - \vec{b}$; $\overrightarrow{AM} = \vec{a} + \frac{1}{2}\cdot\vec{b}$;

$\overrightarrow{AS} = \overrightarrow{AD} + \overrightarrow{DS}$; $\overrightarrow{AS} = \lambda\cdot\overrightarrow{AM}$; $\overrightarrow{DS} = \mu\cdot\overrightarrow{DB}$;

$$\lambda(\vec{a} + \tfrac{1}{2}\cdot\vec{b}) = \vec{b} + \mu(\vec{a} - \vec{b})$$

$$\Leftrightarrow (\lambda - \mu)\cdot\vec{a} + (\tfrac{\lambda}{2} + \mu - 1)\cdot\vec{b} = \vec{o}$$

$\{\vec{a}, \vec{b}\}$ linear unabhängig:

$$\lambda \quad - \mu = 0$$

$$\tfrac{1}{2}\lambda + \mu - 1 = 0$$

$$\Rightarrow \lambda = \tfrac{2}{3} \wedge \mu = \tfrac{2}{3}.$$

Die Diagonale [BD] wird durch [AM] im Verhältnis 2:3 geteilt.

S. 60 3.

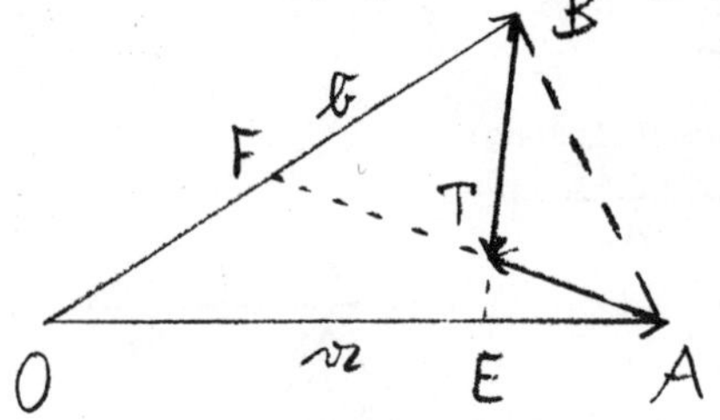

$\overrightarrow{AF} = \overrightarrow{OF} - \overrightarrow{OA} = n\cdot\vec{b} - \vec{a}$;

$\overrightarrow{BE} = \overrightarrow{OE} - \overrightarrow{OB} = m\cdot\vec{a} - \vec{b}$;

Polygon OATBO:

$$\vec{a} + \alpha\cdot(n\cdot\vec{b} - \vec{a}) + \beta\cdot(\vec{b} - m\cdot\vec{a}) - \vec{b} = \vec{o}$$

$$\Leftrightarrow (-\alpha - m\beta + 1)\cdot\vec{a} + (n\alpha + \beta - 1)\cdot\vec{b} = \vec{o}$$

$\{\vec{a}, \vec{b}\}$ linear unabhängig:

$$\alpha + m\beta = 1$$

$$n\alpha + \beta = 1$$

$$\Rightarrow \alpha = \frac{1-m}{1-mn}; \quad \beta = \frac{1-n}{1-mn}$$

$(1 - mn \neq 0)$;

$$\overrightarrow{AT} = \frac{1-m}{1-mn}(n\cdot\vec{b} - \vec{a}); \quad \overrightarrow{BT} = \frac{1-n}{1-mn}(m\cdot\vec{a} - \vec{b});$$

$$\frac{\overline{ET}}{\overline{TB}} = \frac{1-\beta}{\beta} = \frac{n(1-m)}{1-n} \qquad (\beta \neq 0 \Leftrightarrow n \neq 1)$$

$$\frac{\overline{AT}}{\overline{TF}} = \frac{\alpha}{1-\alpha} = \frac{1-m}{m(1-n)} \qquad (\alpha \neq 1 \Leftrightarrow n \neq 1).$$

4.

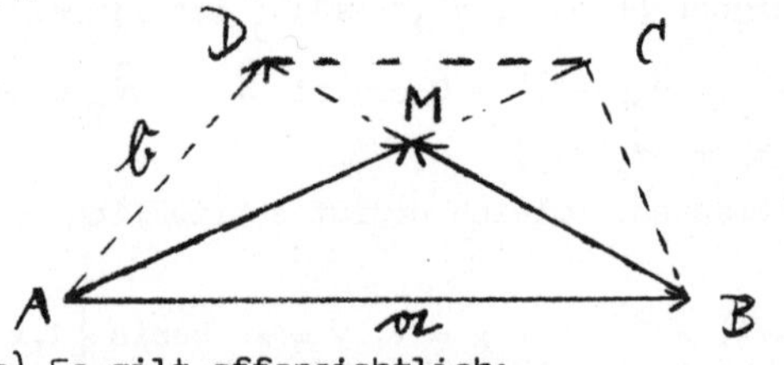

a) $\overrightarrow{DC} = \frac{1}{2}\cdot\vec{a}$;

$\overrightarrow{BC}$: $\vec{a} + \overrightarrow{BC} = \vec{b} + \overrightarrow{DC}$

$\Leftrightarrow \overrightarrow{BC} = \vec{b} - \vec{a} + \frac{1}{2}\cdot\vec{a} = \vec{b} - \frac{1}{2}\vec{a}$;

$\overrightarrow{AC} = \vec{b} + \overrightarrow{DC} = \vec{b} + \frac{1}{2}\cdot\vec{a}$;

$\overrightarrow{BD} = \vec{b} - \vec{a}$;

b) Es gilt offensichtlich:

$E_1 = E_2 \Leftrightarrow \overrightarrow{AE_1} = \overrightarrow{AE_2}$

$\overrightarrow{AE_1} = 2\cdot\overrightarrow{AD} = 2\cdot\vec{b}$; $\overrightarrow{AE_2} = \vec{a} + 2\cdot\overrightarrow{BC} = \vec{a} + 2\cdot\vec{b} - \vec{a} = 2\cdot\vec{b}$;

Also: $E_1 = E_2 = E$.

c) Polygon ABMA:

$$\vec{a} + \alpha(\vec{b} - \vec{a}) + \beta(-\vec{b} - \tfrac{1}{2}\cdot\vec{a}) = \vec{o}$$

$$\Leftrightarrow (1 - \alpha - \tfrac{1}{2}\beta)\cdot\vec{a} + (\alpha - \beta)\vec{b} = \vec{o}$$

$\{\mathfrak{a},\mathfrak{b}\}$ linear unabhängig:

$$\alpha + \tfrac{1}{2}\beta = 1$$
$$\alpha - \beta = 0$$
$$\Longrightarrow \alpha = \beta = \tfrac{2}{3};\quad \overline{AM} = \tfrac{2}{3}\,\overline{AC},\ \overline{MC} = \tfrac{1}{3}\,\overline{AC},\ \frac{\overline{AM}}{\overline{MC}} = \frac{2}{1}\ ;\ \text{Analog: } \frac{\overline{BM}}{\overline{MD}} = \frac{2}{1}.$$

5.

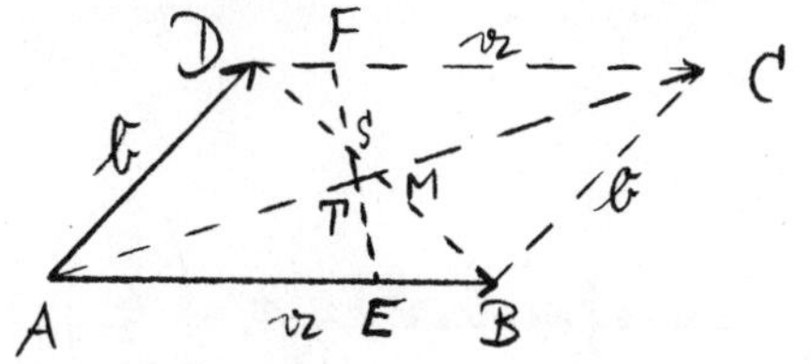

$\overrightarrow{AB} = \mathfrak{a}$; $\overrightarrow{AD} = \mathfrak{b}$; $\overrightarrow{BD} = \mathfrak{b} - \mathfrak{a}$;

Mit $m\cdot\overrightarrow{EB} + \overrightarrow{EB} = \mathfrak{a}$ folgt

$\overrightarrow{EB} = \frac{1}{1+m}\cdot\mathfrak{a}$ und $\overrightarrow{AE} = \frac{m}{1+m}\cdot\mathfrak{a}$,

$(m \neq -1)$;

Analog: $\overrightarrow{FC} = \frac{n}{1+n}\cdot\mathfrak{a}$, $(n \neq -1)$;

$\overrightarrow{AC} = \mathfrak{a}+\mathfrak{b}$; $\overrightarrow{EF}$ erhält man aus $\overrightarrow{AE} + \overrightarrow{EF} + \overrightarrow{FD} + \overrightarrow{DA} = \mathfrak{o}$:

$$\overrightarrow{EF} = -\frac{m}{1+m}\cdot\mathfrak{a} + \frac{1}{1+n}\cdot\mathfrak{a} + \mathfrak{b};$$

a) Polygon AETA:

$$\mathfrak{a} + \alpha\left(-\frac{m}{1+m}\cdot\mathfrak{a} + \frac{1}{1+n}\cdot\mathfrak{a}+\mathfrak{b}\right) - \beta(\mathfrak{a}+\mathfrak{b}) = \mathfrak{o}$$
$$\Longleftrightarrow \left(1 - \frac{\alpha m}{1+m} + \frac{\alpha}{1+n} - \beta\right)\cdot\mathfrak{a} + (\alpha-\beta)\cdot\mathfrak{b} = \mathfrak{o}$$

$\{\mathfrak{a},\mathfrak{b}\}$ linear unabhängig:

$$\left(-\frac{m}{1+m} + \frac{1}{1+n}\right)\alpha - \beta = -1$$
$$\alpha - \beta = 0$$
$$\Longrightarrow \alpha = \beta = \frac{(1+m)(1+n)}{m+n+2mn};\quad \frac{\overline{AT}}{\overline{TC}} = \frac{\beta}{1-\beta} = \frac{(1+m)(1+n)}{mn-1},\ mn-1 \neq 0.$$

b) Polygon ABSFDA:

$$\mathfrak{a} + \alpha(\mathfrak{b}-\mathfrak{a}) + \beta\left(-\frac{m}{1+m}\mathfrak{a} + \frac{1}{1+n}\mathfrak{a}+\mathfrak{b}\right) - \frac{1}{1+n}\mathfrak{a} - \mathfrak{b} = \mathfrak{o}$$
$$\Longleftrightarrow \left(1-\alpha - \frac{\beta m}{1+m} + \frac{\beta}{1+n} - \frac{1}{1+n}\right)\cdot\mathfrak{a} + (\alpha+\beta-1)\cdot\mathfrak{b} = \mathfrak{o}$$

$\{\mathfrak{a},\mathfrak{b}\}$ linear unabhängig:

$$-\alpha + \beta\left(-\frac{m}{1+m} + \frac{1}{1+n}\right) = \frac{1}{1+n} - 1$$
$$\alpha + \beta = 1$$
$$\Longrightarrow \alpha = \frac{1+n}{2+m+n},\ \beta = \frac{1+m}{2+m+n},\ 2+m+n \neq 0.\quad \frac{\overline{BS}}{\overline{SD}} = \frac{\alpha}{1-\alpha} = \frac{\alpha}{\beta} = \frac{1+n}{1+m};$$

c) Polygon AEMA:

$$\frac{m}{1+m}\cdot\mathfrak{a} + \frac{1}{2}\left(-\frac{m}{1+m}\cdot\mathfrak{a} + \frac{1}{1+n}\cdot\mathfrak{a}+\mathfrak{b}\right) - \frac{1}{2}(\mathfrak{a}+\mathfrak{b}) = \mathfrak{o}$$
$$\Longleftrightarrow \left(\frac{m}{1+m} - \frac{m}{2(1+m)} + \frac{1}{2(1+n)} - \frac{1}{2}\right)\cdot\mathfrak{a} + \left(\frac{1}{2} - \frac{1}{2}\right)\cdot\mathfrak{b} = \mathfrak{o}$$

$\{\mathfrak{a},\mathfrak{b}\}$ linear unabhängig: $\Longrightarrow m = n.$

III. Koordinaten

1 Basisdarstellung

S. 65 1. a) $\mathfrak{a} = \begin{pmatrix} -2 \\ 5 \\ 3 \end{pmatrix}$; $\mathfrak{b} = \begin{pmatrix} a \\ b \\ c \end{pmatrix}$; b) $\mathfrak{a} = \begin{pmatrix} 3 \\ 2 \\ -7 \end{pmatrix}$; $\mathfrak{b} = \begin{pmatrix} c \\ b-c \\ a-b \end{pmatrix}$;

2. $\lambda = \frac{7}{3}$.

3. Der Vektor $-\frac{2}{3}\cdot\mathfrak{a}$.

4. Basis $\{\mathfrak{b}, \mathfrak{c}\}$: $\mathfrak{a} = \begin{pmatrix} -\frac{5}{3} \\ \frac{4}{3} \end{pmatrix}$; Basis $\{\mathfrak{a}, \mathfrak{c}\}$: $\mathfrak{b} = \begin{pmatrix} -\frac{3}{5} \\ \frac{4}{5} \end{pmatrix}$;

Basis $\{\mathfrak{a}, \mathfrak{b}\}$: $\mathfrak{c} = \begin{pmatrix} \frac{3}{4} \\ \frac{5}{4} \end{pmatrix}$;

5. Basis $\{\mathfrak{a}, \mathfrak{b}, \mathfrak{c}\}$: $\mathfrak{d} = \begin{pmatrix} -\frac{5}{4} \\ -\frac{1}{2} \\ \frac{3}{4} \end{pmatrix}$; Basis $\{\mathfrak{a}, \mathfrak{b}, \mathfrak{d}\}$: $\mathfrak{c} = \begin{pmatrix} \frac{5}{3} \\ \frac{2}{3} \\ \frac{4}{3} \end{pmatrix}$

Basis $\{\mathfrak{b}, \mathfrak{c}, \mathfrak{d}\}$: $\mathfrak{a} = \begin{pmatrix} -\frac{2}{5} \\ \frac{3}{5} \\ -\frac{4}{5} \end{pmatrix}$; Basis $\{\mathfrak{a}, \mathfrak{r}, \mathfrak{d}\}$: $\mathfrak{b} = \begin{pmatrix} -\frac{5}{2} \\ \frac{3}{2} \\ -2 \end{pmatrix}$

6.a) $\mathfrak{a}, \mathfrak{b}, \mathfrak{c}$ sind linear unabhängig.

b) $\mathfrak{d} = \begin{pmatrix} 2 \\ -1 \\ \frac{1}{2} \end{pmatrix}$; Komponenten: $\begin{pmatrix} 2 \\ 4 \\ 2 \end{pmatrix}$, $\begin{pmatrix} -3 \\ -5 \\ 0 \end{pmatrix}$, $\begin{pmatrix} 1 \\ 0 \\ 0 \end{pmatrix}$

7. $f(x) = (-2)\cdot 1 + 1\cdot(x-2) + (-3)\cdot(x-2)^2 + 1\cdot(x-2)^3$

0. Approximation: $f_0(x) = (-2)\cdot 1$; 1. Approximation: $f_1(x) = (-2)\cdot 1 + 1\cdot(x-2$

2. Approximation: $f_2(x) = (-2)\cdot 1 + 1\cdot(x-2) + (-3)\cdot(x-2)^2$

Bei der 2. Approximation wird der Graph von $f(x)$ durch die Parabel $f_2(x)$ ersetzt.

2 Rechnen in Koordinaten

S. 68 1.a) $\mathfrak{a} + \mathfrak{b} = \begin{pmatrix} -2 \\ 5 \\ -3 \end{pmatrix}$; $\mathfrak{a} - \mathfrak{b} = \begin{pmatrix} 4 \\ -5 \\ -1 \end{pmatrix}$; $\mathfrak{a} + \mathfrak{b} + \mathfrak{c} = \begin{pmatrix} 0 \\ 3 \\ -1 \end{pmatrix}$;

b) $2\cdot\mathfrak{a} - 3\cdot\mathfrak{b} = \begin{pmatrix} 11 \\ -15 \\ -1 \end{pmatrix}$; $\frac{1}{2}\cdot\mathfrak{a} + (\mathfrak{b} - 2\cdot\mathfrak{c}) = \begin{pmatrix} -6{,}5 \\ 9 \\ -6 \end{pmatrix}$

$\left[\left(\mathfrak{a} + \frac{1}{2}\cdot\mathfrak{c}\right) - 3\cdot\mathfrak{b}\right]\cdot\frac{1}{3} = \begin{pmatrix} -\frac{11}{3} \\ -\frac{16}{3} \\ \frac{2}{3} \end{pmatrix}$

2. $\mathfrak{x} = \begin{pmatrix} -4 \\ -4 \\ -3 \end{pmatrix}$

3.a) $\mathfrak{x} = \frac{1}{4}\cdot\begin{pmatrix} -9 \\ 1 \\ 7 \end{pmatrix}$; b) $\mathfrak{x} = \frac{1}{3}\cdot\begin{pmatrix} -10 \\ 9 \\ -7 \end{pmatrix}$; c) $\mathfrak{x} = \begin{pmatrix} 1 \\ 2 \\ -3 \end{pmatrix}$;

S. 69 4.a) linear abhängig; b) linear unabhängig; c) linear abhängig;
d) linear unabhängig;

5.a) $\begin{pmatrix} -12 \\ -18 \\ -6 \end{pmatrix} = (-6)\cdot\begin{pmatrix} 2 \\ 3 \\ 1 \end{pmatrix}$ b) $\begin{pmatrix} 300 \\ 75 \\ -225 \end{pmatrix} = 75\cdot\begin{pmatrix} 4 \\ 1 \\ -3 \end{pmatrix}$; c) $\begin{pmatrix} -\frac{9}{4} \\ \frac{3}{4} \\ -3 \end{pmatrix} = \frac{3}{4}\cdot\begin{pmatrix} -3 \\ 1 \\ -4 \end{pmatrix}$

3 Isomorphe Vektorräume

S.70 Es seien $\vec{v}, \vec{b} \in \mathbb{V}$, $\vec{v}', \vec{b}' \in \mathbb{V}'$, $\vec{v}'', \vec{b}'' \in \mathbb{V}''$, $r \in \mathbb{R}$ und es gelte für die Abbildungen φ und ψ:

$\varphi: \mathbb{V} \to \mathbb{V}'$, $\psi: \mathbb{V}' \to \mathbb{V}''$, wobei

$\varphi(\vec{v}+\vec{b}) = \varphi(\vec{v}) + \varphi(\vec{b}) = \vec{v}' + \vec{b}'$, $\varphi(r\cdot\vec{v}) = r\cdot\varphi(\vec{v}) = r\cdot\vec{v}'$,

$\psi(\vec{v}'+\vec{b}') = \psi(\vec{v}') + \psi(\vec{b}') = \vec{v}'' + \vec{b}''$, $\psi(r\cdot\vec{v}') = r\cdot\psi(\vec{v}') = r\cdot\vec{v}''$;

$\psi\circ\varphi$ sei die durch Nacheinanderausführen von φ und ψ entstehende Abbildung. $\psi\circ\varphi$ ist offensichtlich eine bijektive Abbildung von $\mathbb{V}$ auf $\mathbb{V}''$.

Außerdem gilt:

$$\psi\circ\varphi(\vec{v}+\vec{b}) = \psi\circ(\varphi(\vec{v}+\vec{b})) = \psi\circ(\varphi(\vec{v}) + \varphi(\vec{b})) = \psi(\vec{v}'+\vec{b}') = \\ = \psi(\vec{v}') + \psi(\vec{b}') = \psi\circ\varphi(\vec{v}) + \psi\circ\varphi(\vec{b}) \quad \text{und}$$

$$\psi\circ\varphi(r\cdot\vec{v}) = \psi\circ(\varphi(r\cdot\vec{v})) = \psi\circ(r\cdot\varphi(\vec{v})) = \psi(r\cdot\vec{v}') = \\ = r\cdot\psi(\vec{v}') = r\cdot\psi\circ\varphi(\vec{v}).$$

Also: $\mathbb{V} \cong \mathbb{V}''$.

Sind $\mathbb{V}_1$ und $\mathbb{V}_2$ zwei beliebige n-dimensionale reelle Vektorräume, dann gilt:

$\mathbb{V}_1 \cong \mathbb{R}^n$ und $\mathbb{R}^n \cong \mathbb{V}_2$, also wegen der Transitivität auch $\mathbb{V}_1 \cong \mathbb{V}_2$.

IV. Systeme von zwei linearen Gleichungen mit zwei Gleichungsvariablen

1 Lineare Gleichungen

S.73 a) $(-1|-2)$, $(\frac{4}{11}|1)$, $(\frac{18}{77}|\frac{5}{7})$, $(\pi|\frac{1+11\pi}{5})$;

b) $\mathbb{L} = \left\{(x_1|\frac{1+11x_1}{5}) \mid x_1 \text{ beliebig aus } \mathbb{R}\right\}$

$\mathbb{L} = \left\{(\frac{-1+5x_2}{11}|x_2) \mid x_2 \text{ beliebig aus } \mathbb{R}\right\}$

2 Lineare Gleichungssysteme mit zwei Gleichungsvariablen

S.77 1.a) $P(-12|-12)$ ist der einzige gemeinsame Punkt;

b) Zusammenfallende Geraden;

2.a) $\mathbb{L} = \left\{(\frac{120}{6}|-11)\right\}$; Schnitt zweier Geraden;

b) $\mathbb{L} = \{\ \}$; Zwei parallele, nicht zusammenfallende Geraden;

c) $\mathbb{L} = \left\{(x_1|\frac{13+8x_1}{5}) \mid x_1 \text{ beliebig aus } \mathbb{R}\right\}$; Zwei zusammenfallende Ger.

3.a) 1. Gleichung: $a_{11} \neq 0 \wedge a_{12} \neq 0$:

$b_1 = 0$: Gerade durch Ursprung

$b_1 \neq 0$: Gerade nicht durch Ursprung

z.B. $a_{11} \neq 0 \wedge a_{12} = 0$:

$b_1 = 0$: x_2-Achse

$b_1 \neq 0$: Parallele zur x_2-Achse

2. Gleichung: $b_2 = 0$: Ebene

$b_2 \neq 0$: Kein Punkt

b) $b_2 \neq 0$: $\mathbb{L} = \{\ \}$;

$b_2 = 0 \wedge b_1 \neq 0$: $a_{11} \neq 0 \wedge a_{12} \neq 0$:

$$\mathbb{L} = \left\{(x_1 \mid \frac{b_1 - a_{11}x_1}{a_{12}}) \mid x_1 \text{ beliebig aus } \mathbb{R}\right\};$$

$$\text{z.B. } a_{11} \neq 0 \wedge a_{12} = 0:$$

$$\mathbb{L} = \left\{ \left(\frac{b_1}{a_{11}} \middle| x_2\right) \middle| \; x_2 \text{ beliebig aus } \mathbb{R} \right\};$$

$$b_2 = 0 \wedge b_1 = 0: \; a_{11} \neq 0 \wedge a_{12} \neq 0:$$

$$\mathbb{L} = \left\{ \left(x_1 \middle| \frac{-a_{11}x_1}{a_{12}}\right) \middle| \; x_1 \text{ beliebig aus } \mathbb{R} \right\};$$

$$\text{z.B. } a_{11} \neq 0 \wedge a_{12} = 0:$$

$$\mathbb{L} = \left\{ (0|x_2) \middle| \; x_2 \text{ beliebig aus } \mathbb{R} \right\};$$

4. 1. Beispiel: $\mathfrak{b} = \mathfrak{a}_1 - 2\cdot\mathfrak{a}_2$;
   2. Beispiel: $\{\mathfrak{a}_1, \mathfrak{a}_2\}$ linear abhängig, aber $\mathfrak{b}$ davon linear unabhängig, also keine Lösung.

5.a) $a \neq -1$: $x_1 = \frac{a-1}{a+1}$; $x_2 = \frac{2a}{a+1}$; $a = -1$: $L = \{\ \}$;

b) Für $a \neq -1$ erhalten wir durch Eliminieren des Parameters a:
$x_2 = x_1 + 1$; Gerade
$(x_1 \neq 1)$

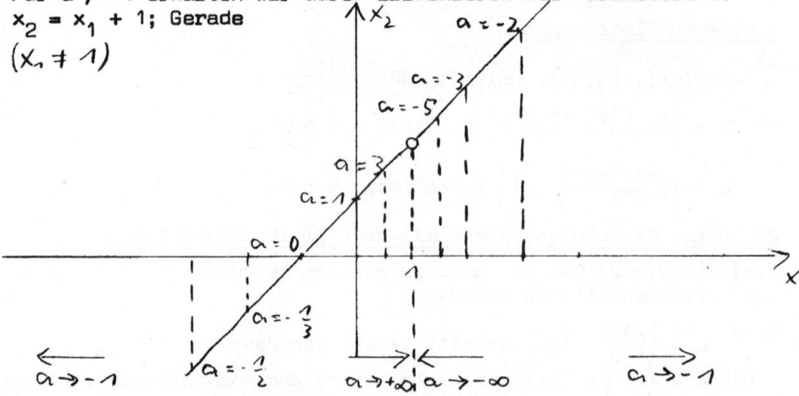

6. Parallel: $(r-1):1 = 5:(r+3) \Longrightarrow r = 2 \vee r = -4$;
   Damit: $r = 2$: zusammenfallende Geraden, also ∞^1 Lösungen;
   $r = -4$: parallele, nicht zusammenfallende Geraden, also 0 Lösgn.
   $r \in \mathbb{R} \setminus \{2, -4\}$: sich schneidende Geraden, also 1 Lösung.

3 Matrizen

S.85 1. $a_{11} = 2{,}3$; $a_{12} = -\frac{8}{3}$; $a_{21} = 0$; $a_{22} = 1$; $b_1 = -5{,}7$; $b_2 = 9$;

2. $$\begin{aligned} -\tfrac{3}{7}x_1 \qquad\quad &= -1 \\ 0{,}3x_1 + 8x_2 &= 9; \end{aligned}$$

3.a) $\mathfrak{A} = \begin{pmatrix} 4 & 3 \\ 5 & -14 \end{pmatrix}$, $\mathfrak{b} = \begin{pmatrix} 13 \\ -32 \end{pmatrix}$, $\tilde{\mathfrak{A}} = \begin{pmatrix} 4 & 3 & 13 \\ 5 & -14 & -32 \end{pmatrix}$;

b) $\mathfrak{A} = \begin{pmatrix} 4 & 3 \\ 8 & 6 \end{pmatrix}$, $\mathfrak{b} = \begin{pmatrix} 13 \\ 11 \end{pmatrix}$, $\tilde{\mathfrak{A}} = \begin{pmatrix} 4 & 3 & 13 \\ 8 & 6 & 11 \end{pmatrix}$;

4. $$\begin{aligned} x_1 - 2x_2 &= 4 \\ 3x_1 + 5x_2 &= 7 \end{aligned} \qquad \mathfrak{A} = \begin{pmatrix} 1 & -2 \\ 3 & 5 \end{pmatrix};$$

5.a) 1. Spaltenvektor: $\begin{pmatrix} 3 \\ -2 \end{pmatrix}$; 2. Spaltenvektor: $\begin{pmatrix} 0 \\ 0 \end{pmatrix}$;
1. Zeilenvektor: $(3 | 0 | -1)$;
b) $3x_1 = -1$
$-2x_1 = 0$;

6. 1. Beispiel: $\operatorname{Rg}\mathfrak{A} = \operatorname{Rg}\tilde{\mathfrak{A}} = 2$; 2. Beispiel: $\operatorname{Rg}\mathfrak{A} = 1$; $\operatorname{Rg}\tilde{\mathfrak{A}} = 2$;
3. Beispiel: $\operatorname{Rg}\mathfrak{A} = \operatorname{Rg}\tilde{\mathfrak{A}} = 1$; 4. Beispiel: $\operatorname{Rg}\mathfrak{A} = 0$; $\operatorname{Rg}\tilde{\mathfrak{A}} = 1$;
5. Beispiel: $\operatorname{Rg}\mathfrak{A} = \operatorname{Rg}\tilde{\mathfrak{A}} = 0$;

7.a) 2; b) 1; c) 1; d) 2; e) 1; f) 2; g) 2; h) 3; i) 1; k) 3;

8.a) $a_{22} = \frac{77}{9} = 8\frac{5}{9}$; b) $a_{22} \neq 8\frac{5}{9}$, sonst beliebig aus $\mathbb{R}$.

S.86 9. $\begin{pmatrix} 3 & 0 & 2 \\ 1 & 3 & 1 \\ 0 & 2 & 2 \end{pmatrix} \to \begin{pmatrix} 1 & 0 & 2 \\ 0 & 3 & 1 \\ -2 & 2 & 2 \end{pmatrix} \to \begin{pmatrix} 1 & 0 & 0 \\ 0 & 3 & 1 \\ -2 & 2 & 6 \end{pmatrix} \to \begin{pmatrix} 1 & 0 & 0 \\ 0 & 1 & 1 \\ -2 & -10 & 6 \end{pmatrix} \to \begin{pmatrix} 1 & 0 & 0 \\ 0 & 1 & 0 \\ -2 & -10 & 16 \end{pmatrix}$
Also linear unabhängig.

10.a) $\operatorname{Rg}\mathfrak{A} = \operatorname{Rg}\tilde{\mathfrak{A}} = 1$, also ∞^1 Lösungen:
$\mathbb{L} = \{(2x_2 - 5 | x_2) \mid x_2 \text{ beliebig aus } \mathbb{R}\}$;
b) $\operatorname{Rg}\mathfrak{A} = 1$; $\operatorname{Rg}\tilde{\mathfrak{A}} = 2$, also 0 Lösungen: $L = \{\ \}$;

11.a) 0 Lösungen: $\operatorname{Rg}\mathfrak{A} = 1 \Rightarrow t = -5$; $\operatorname{Rg}\tilde{\mathfrak{A}} = 2 \Rightarrow s \neq \frac{25}{2}$;
1 Lösung: $\operatorname{Rg}\mathfrak{A} = \operatorname{Rg}\tilde{\mathfrak{A}} = 2 \Rightarrow t \neq -5$, s keine Bedingung;
∞^1 Lösungen: $\operatorname{Rg}\mathfrak{A} = \operatorname{Rg}\tilde{\mathfrak{A}} = 1 \Rightarrow t = -5$; $s = \frac{25}{2}$;
b) 0 Lösungen: $\operatorname{Rg}\mathfrak{A} = 1 \Rightarrow st = 8$; $\operatorname{Rg}\tilde{\mathfrak{A}} = 2 \Rightarrow$ s beliebig;
1 Lösung: $\operatorname{Rg}\mathfrak{A} = \operatorname{Rg}\tilde{\mathfrak{A}} = 2 \Rightarrow st \neq 8$;
∞^1 Lösungen: $\operatorname{Rg}\mathfrak{A} = \operatorname{Rg}\tilde{\mathfrak{A}} = 1$: nicht möglich;

4 Zweireihige Determinanten

S.92 1.a) 57; b) 19; c) $\frac{3}{5}\sqrt{2}$; d) 0;
2.a) 31; b) $2ab - 2b^2$;
3. $r = 0 \vee r = 2$;
4. $\begin{vmatrix} a_{11} & a_{12} \\ a_{21} & a_{22} \end{vmatrix} = a_{11}a_{22} - a_{12}a_{21} = a_{11}a_{22} - a_{21}a_{12} = \begin{vmatrix} a_{11} & a_{21} \\ a_{12} & a_{22} \end{vmatrix}$;
5. $\det(\mathfrak{a}_2, \mathfrak{a}_1) = a_{12}a_{21} - a_{11}a_{22} = -(a_{11}a_{22} - a_{12}a_{21}) = -\det(\mathfrak{a}_1, \mathfrak{a}_2)$;
Vertauschen der Zeilen:
$\begin{vmatrix} a_{11} & a_{12} \\ a_{21} & a_{22} \end{vmatrix} = \begin{vmatrix} a_{11} & a_{21} \\ a_{12} & a_{22} \end{vmatrix} = - \begin{vmatrix} a_{21} & a_{11} \\ a_{22} & a_{12} \end{vmatrix} = - \begin{vmatrix} a_{21} & a_{22} \\ a_{11} & a_{12} \end{vmatrix}$;
n. Aufg. 4 n. oben n. Aufg. 4

S.93 6.a) und b) folgt unmittelbar durch Ausrechnen.
7. $k \begin{vmatrix} a_{11} & a_{12} \\ a_{21} & a_{22} \end{vmatrix} = ka_{11}a_{22} - ka_{12}a_{21} = (ka_{11})a_{22} - a_{12}(ka_{21}) =$

$= \begin{vmatrix} ka_{11} & a_{12} \\ ka_{21} & a_{22} \end{vmatrix} = (ka_{11})a_{22} - (ka_{12})a_{21} = \begin{vmatrix} ka_{11} & ka_{12} \\ a_{21} & a_{22} \end{vmatrix}$;

8. Stellt man den Proportionalitätsfaktor gemäß Aufg. 7 vor die Determinante, so entsteht eine 2,2-Determinante mit gleichen Spalten oder gleichen Zeilen, die nach Aufg. 6.a) den Wert Null hat.

9. Beh. folgt durch Berechnen der linken Seite und der rechten Seite.

10. Nach Aufg. 9 ist zur ursprünglichen Determinante eine Determinante mit zwei proportionalen Spalten oder Zeilen zu addieren. Letztere hat aber nach Aufg. 8 den Wert Null.

$\begin{vmatrix} 99 & 11 \\ 63 & 6 \end{vmatrix} = \begin{vmatrix} 0 & 11 \\ 9 & 6 \end{vmatrix} = -99;$

11.a)b)c)d) Die Behauptungen ergeben sich unmittelbar durch Berechnen der jeweiligen Determinanten.

12.a) $\begin{vmatrix} 1 & 0 \\ -1 & 4 \end{vmatrix} = 4 \neq 0 \Rightarrow$ linear unabhängig;

$\begin{vmatrix} 3 & -9 \\ -2 & 6 \end{vmatrix} = 0 \Rightarrow$ linear abhängig;

13.a) $\det \mathfrak{A} = 0$: $a_{22} = 7{,}5$; $\det \mathfrak{A} \neq 0$: $a_{22} \neq 7{,}5$;

b) $\mathrm{Rg}\, \mathfrak{A} = 2$: $a_{12} \neq \frac{4}{7}$; $\mathrm{Rg}\, \mathfrak{A} = 1$: $a_{12} = \frac{4}{7}$;

14.a) $\det \mathfrak{A} = -9 \neq 0 \Rightarrow$ CRAMERsche Regel anwendbar: $\mathbb{L} = \{(-12|-12)\}$;

b) $\det \mathfrak{A} = 0 \Rightarrow$ CRAMERsche Regel nicht anwendbar: $\mathbb{L} = \{(x_1|2x_1+6) \mid x_1$ beliebig aus $\mathbb{R}\}$;

S.94 c) $\det \mathfrak{A} = -22 \neq 0 \Rightarrow$ CRAMERsche Regel anwendbar: $\mathbb{L} = \{(\frac{35}{22}|\frac{15}{22})\}$;

d) $\det \mathfrak{A} = 0 \Rightarrow$ CRAMERsche Regel nicht anwendbar: $\mathbb{L} = \{\ \}$;

e) $\det \mathfrak{A} = 12 \neq 0 \Rightarrow$ CRAMERsche Regel anwendbar: $\mathbb{L} = \{(-\frac{3}{2}|0)\}$;

15. $\det \mathfrak{A} = 30ab$; $(x|y) = (\frac{13c}{30a} \mid \frac{c}{10b})$;

16.a) $F(\mathfrak{a}, \lambda\cdot\mathfrak{b}) \underset{(\mathrm{I})}{=} -F(\lambda\cdot\mathfrak{b}, \mathfrak{a}) \underset{(\mathrm{II})}{=} -\lambda F(\mathfrak{b}, \mathfrak{a}) \underset{(\mathrm{I})}{=} \lambda F(\mathfrak{a}, \mathfrak{b})$;

b) $F(\mathfrak{a}, \mathfrak{b}_1+\mathfrak{b}_2) \underset{(\mathrm{I})}{=} -F(\mathfrak{b}_1+\mathfrak{b}_2, \mathfrak{a}) \underset{(\mathrm{III})}{=} -[F(\mathfrak{b}_1, \mathfrak{a}) + F(\mathfrak{b}_2, \mathfrak{a})] =$

$= -F(\mathfrak{b}_1, \mathfrak{a}) - F(\mathfrak{b}_2, \mathfrak{a}) \underset{(\mathrm{I})}{=} F(\mathfrak{a}, \mathfrak{b}_1) + F(\mathfrak{a}, \mathfrak{b}_2)$;

17. I, II und III folgen direkt aus den entsprechenden Determinantensätzen (vgl. Aufg. 5, 7 und 9).

IV: $F(\mathfrak{e}_1, \mathfrak{e}_2) = \begin{vmatrix} 1 & 0 \\ 0 & 1 \end{vmatrix} = 1$;

18.a) 15; b) 18; c) 0; d) −8,5;

19. $\begin{vmatrix} 1 & 0 \\ 0 & 1 \end{vmatrix} = 1$ Flächenmaßzahl des von $\begin{pmatrix} 1 \\ 0 \end{pmatrix}$ und $\begin{pmatrix} 0 \\ 1 \end{pmatrix}$ aufgespannten Parallelogramms

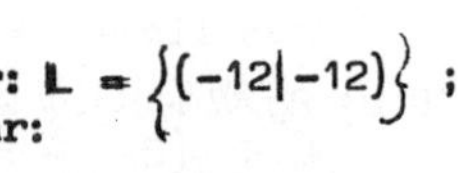

$\begin{vmatrix} k & 0 \\ 0 & k \end{vmatrix} = k^2$ Flächenmaßzahl des von $\begin{pmatrix} k \\ 0 \end{pmatrix}$ und $\begin{pmatrix} 0 \\ k \end{pmatrix}$ aufgespannten Parallelogramms

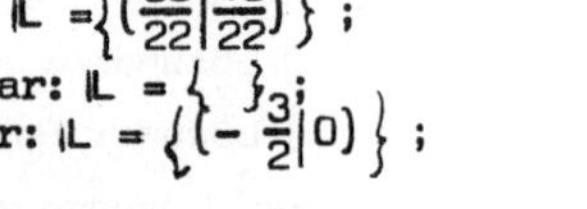

Vgl.: a) Zentrische Streckung mit dem Faktor k

b) Parallelogrammfläche $F = ab\sin\alpha$;

$\begin{vmatrix} 1 & 1 \\ 1 & 1 \end{vmatrix} = 0$ Flächenmaßzahl des von $\begin{pmatrix} 1 \\ 1 \end{pmatrix}$ und $\begin{pmatrix} 1 \\ 1 \end{pmatrix}$ aufgespannten "Parallelogramms"

$\begin{vmatrix} k & k \\ k & k \end{vmatrix} = 0$ Flächenmaßzahl des von $\begin{pmatrix} k \\ k \end{pmatrix}$ und $\begin{pmatrix} k \\ k \end{pmatrix}$ aufgespannten "Parallelogramms";

20. Es gilt $F(\mathfrak{a}, \mu\cdot\mathfrak{b}) \underset{(\mathrm{II'})}{=} F(\mathfrak{a}+\mu\cdot\mathfrak{b}, \mu\cdot\mathfrak{b})$ und $F(\mathfrak{a}, \mu\mathfrak{b}) \underset{(\mathrm{I'})}{=} \mu F(\mathfrak{a}, \mathfrak{b})$

sowie $F(\mathfrak{a}+\mu\cdot\mathfrak{b}, \mu\cdot\mathfrak{b}) \underset{(\mathrm{I'})}{=} \mu F(\mathfrak{a}+\mu\mathfrak{b}, \mathfrak{b})$ und damit

$$F(\mathfrak{a}, \mathfrak{b}) = F(\mathfrak{a}+\mu\mathfrak{b}, \mathfrak{b}) \qquad (*).$$

Analog zeigt man

$$F(\mathfrak{a}, \mathfrak{b}) = F(\mathfrak{a}, \mathfrak{b}+\lambda\cdot\mathfrak{a}) \qquad (**).$$

Nun ist zu zeigen: Aus I,II,III und IV folgen I',II' und III' und umgekehrt.

$\Rightarrow$: I': Vgl. Aufg. 16!

II': $F(\mathfrak{a}+\mathfrak{b},\mathfrak{b}) \underset{(III)}{=} F(\mathfrak{a},\mathfrak{b}) + F(\mathfrak{b},\mathfrak{b}) \underset{(Satz\ 1)}{=} F(\mathfrak{a},\mathfrak{b})$

$F(\mathfrak{a},\mathfrak{b}+\mathfrak{a}) \underset{(I)}{=} -F(\mathfrak{b}+\mathfrak{a},\mathfrak{a}) \underset{(III)}{=} -\left[F(\mathfrak{b},\mathfrak{a}) + F(\mathfrak{a},\mathfrak{a})\right] \underset{(Satz\ 1,\ I)}{=} F(\mathfrak{a},\mathfrak{b})$

III' $\hat{=}$ IV

$\Leftarrow$: I: $F(\mathfrak{a},\mathfrak{b}) \underset{(II')}{=} F(\mathfrak{a}+\mathfrak{b},\mathfrak{b}) \underset{(*)}{=} F(\mathfrak{a}+\mathfrak{b},\mathfrak{b}-(\mathfrak{a}+\mathfrak{b})) =$

$= F(\mathfrak{a}+\mathfrak{b},-\mathfrak{a}) \underset{(II')}{=} F(\mathfrak{a}+\mathfrak{b}-\mathfrak{a},-\mathfrak{a}) =$

$= F(\mathfrak{b},-\mathfrak{a}) \underset{(I')}{=} -F(\mathfrak{b},\mathfrak{a})$

II $\hat{=}$ I'

III: Für $\mathfrak{b} = \mathfrak{o}$ ist die Gleichung $F(\mathfrak{a}_1+\mathfrak{a}_2,\mathfrak{b}) = F(\mathfrak{a}_1,\mathfrak{b}) + F(\mathfrak{a}_2,\mathfrak{b})$ erfüllt, denn aus I' folgt für $\lambda = 0$ bzw. $\mu = 0$: $F(\mathfrak{a},\mathfrak{o}) = F(\mathfrak{o},\mathfrak{b}) = 0$.

Im Fall $\mathfrak{b} \neq \mathfrak{o}$ kann man einen Vektor $\mathfrak{a}$ so wählen, daß $\mathfrak{a}$ und $\mathfrak{b}$ linear unabhängig sind und folgende eindeutig bestimmte Darstellungen existieren:

$\mathfrak{a}_1 = \lambda_1\cdot\mathfrak{a} + \lambda_2\cdot\mathfrak{b}, \quad \mathfrak{a}_2 = \mu_1\cdot\mathfrak{a} + \mu_2\cdot\mathfrak{b}$, also

$\mathfrak{a}_1 + \mathfrak{a}_2 = (\lambda_1+\mu_1)\cdot\mathfrak{a} + (\lambda_2+\mu_2)\cdot\mathfrak{b}$;

Nach (*) und (**) kann man damit auch schreiben:

$F(\mathfrak{a}_1,\mathfrak{b}) = F(\mathfrak{a}_1-\lambda_2\mathfrak{b},\mathfrak{b}) = F(\lambda_1\mathfrak{a},\mathfrak{b}) = \lambda_1 F(\mathfrak{a},\mathfrak{b})$,

$F(\mathfrak{a}_2,\mathfrak{b}) = F(\mathfrak{a}_2-\mu_2\mathfrak{b},\mathfrak{b}) = F(\mu_1\mathfrak{a},\mathfrak{b}) = \mu_1 F(\mathfrak{a},\mathfrak{b})$,

$F(\mathfrak{a}_1+\mathfrak{a}_2,\mathfrak{b}) = F(\mathfrak{a}_1+\mathfrak{a}_2 - (\lambda_2+\mu_2)\cdot\mathfrak{b},\mathfrak{b}) =$

$= F((\lambda_1+\mu_1)\cdot\mathfrak{a},\mathfrak{b}) = (\lambda_1+\mu_1)\, F(\mathfrak{a},\mathfrak{b})$.

Aus diesen drei Gleichungen folgt

$$F(\mathfrak{a}_1+\mathfrak{a}_2,\mathfrak{b}) = F(\mathfrak{a}_1,\mathfrak{b}) + F(\mathfrak{a}_2,\mathfrak{b}),$$

also III.

IV $\hat{=}$ III'.

Geometrische Deutung von II':

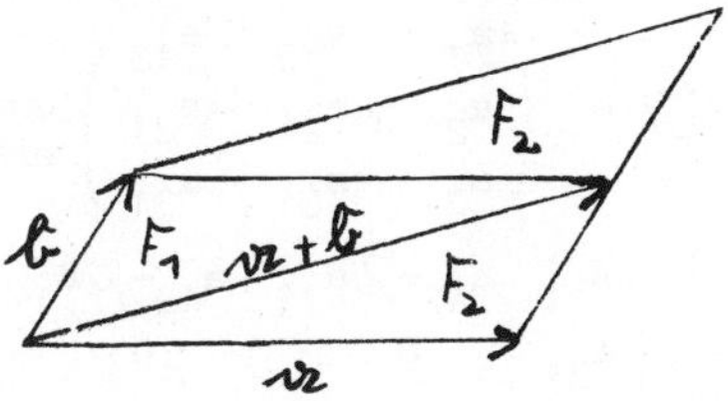

V. Systeme von drei linearen Gleichungen mit drei Gleichungsvariablen

2 Matrizen

S.100 1. Man erhält (z.B. mit elementaren Spaltenumformungen):

1. Beispiel: Rg $\mathfrak{A}$ = Rg $\tilde{\mathfrak{A}}$ = 3; 2. Beispiel: Rg $\mathfrak{A}$ = 2, Rg $\tilde{\mathfrak{A}}$ = 3;
3. Beispiel: Rg $\mathfrak{A}$ = Rg $\tilde{\mathfrak{A}}$ = 2; 4. Beispiel: Rg $\mathfrak{A}$ = 1, Rg $\tilde{\mathfrak{A}}$ = 2;
5. Beispiel: Rg $\mathfrak{A}$ = Rg $\tilde{\mathfrak{A}}$ = 1; 6. Beispiel: Rg $\mathfrak{A}$ = 0, Rg $\tilde{\mathfrak{A}}$ = 1;
7. Beispiel: Rg $\mathfrak{A}$ = Rg $\tilde{\mathfrak{A}}$ = 0;

2. $\operatorname{Rg}\mathfrak{A} = \operatorname{Rg}\tilde{\mathfrak{A}} = 2 \Rightarrow$ es gibt ∞^1 Lösungen:

$$\mathbb{L} = \left\{ \left(\frac{1-x_3}{2} \middle| -1+3x_3 \middle| x_3\right) \middle| \ x_3 \text{ beliebig aus } \mathbb{R} \right\};$$

3. <u>0 Lösungen</u>:

1. Möglichkeit: $\operatorname{Rg}\mathfrak{A} = 2$, $\operatorname{Rg}\tilde{\mathfrak{A}} = 3$:

$\operatorname{Rg}\mathfrak{A} = 2$: $\mathfrak{v} = \lambda \cdot \mathfrak{v}_1 + \mu \cdot \mathfrak{v}_2 + \nu \cdot \mathfrak{v}_3$:

$$\begin{array}{ll} \lambda - \mu + \nu = 0 & \text{I}/\cdot(-2)\ /\cdot(-1) \\ 3\lambda + s\mu + 2\nu = 0 & \text{II} \\ s\lambda + 3\mu + \nu = 0 & \text{III} \end{array}$$

II+I': $\lambda + (s+2)\mu = 0$

III+I'': $(s-1)\lambda + 4\mu = 0$

Bedingung für nichttriviale Lösung: $\begin{vmatrix} 1 & s+2 \\ s-1 & 4 \end{vmatrix} = 0 \Leftrightarrow s = -3 \vee s = 2$;

Für $s = -3$ folgt: $\operatorname{Rg}\tilde{\mathfrak{A}} = 3$, also 0 Lösungen;
Für $s = 2$ folgt $\operatorname{Rg}\tilde{\mathfrak{A}} = \operatorname{Rg}\mathfrak{A} = 2$ (s.u.).

2. Möglichkeit: $\operatorname{Rg}\mathfrak{A} = 1$, $\operatorname{Rg}\tilde{\mathfrak{A}} = 2$:
Wegen $\{\mathfrak{v}_1, \mathfrak{v}_3\}$ linear unabhängig für beliebiges s ist dieser Fall nicht möglich.

3. Möglichkeit: $\operatorname{Rg}\mathfrak{A} = 0$, $\operatorname{Rg}\tilde{\mathfrak{A}} = 1$:
Wegen $\mathfrak{v}_1 \neq \mathfrak{o}$ ist dieser Fall ebenfalls unmöglich.

<u>1 Lösung</u>:
$\operatorname{Rg}\mathfrak{A} = 3$: $s \neq -3 \wedge s \neq 2$

<u>∞^1 Lösungen</u>:
$\operatorname{Rg}\mathfrak{A} = \operatorname{Rg}\tilde{\mathfrak{A}} = 2$: $s = 2$

<u>∞^2 Lösungen</u>:
$\operatorname{Rg}\mathfrak{A} = \operatorname{Rg}\tilde{\mathfrak{A}} = 1$: Nicht möglich (s.o.).

3 Dreireihige Determinanten

S.107 1. Wir zeigen: $\operatorname{Rg}\mathfrak{A} = 2$
Mit IV.4.2, Satz 1 folgt: Es gibt $\lambda, \mu \in \mathbb{R}$ mit

$$\begin{pmatrix} a_{22} \\ a_{32} \end{pmatrix} = \lambda \begin{pmatrix} a_{21} \\ a_{31} \end{pmatrix}, \quad \begin{pmatrix} a_{23} \\ a_{33} \end{pmatrix} = \mu \begin{pmatrix} a_{21} \\ a_{31} \end{pmatrix}.$$

Damit wird

$$\mathfrak{A} = \begin{pmatrix} a_{11} & a_{12} & a_{13} \\ a_{21} & \lambda a_{21} & \mu a_{21} \\ a_{31} & \lambda a_{31} & \mu a_{31} \end{pmatrix}$$

und mit elementaren Spaltenumformungen erhalten wir:

$$\mathfrak{A} \to \begin{pmatrix} a_{11} & a_{12} - \lambda a_{11} & a_{13} - \mu a_{11} \\ a_{21} & 0 & 0 \\ a_{31} & 0 & 0 \end{pmatrix} \to \begin{pmatrix} a_{11} & 1 & 1 \\ a_{21} & 0 & 0 \\ a_{31} & 0 & 0 \end{pmatrix} \to \begin{pmatrix} a_{11} & 1 & 0 \\ a_{21} & 0 & 0 \\ a_{31} & 0 & 0 \end{pmatrix}$$

also $\operatorname{Rg}\mathfrak{A} = 2$, d.h. $\{\mathfrak{v}_1, \mathfrak{v}_2, \mathfrak{v}_3\}$ linear abhängig.

2.a) $\det(\mathfrak{v}_1, \mathfrak{v}_2, \mathfrak{v}_3) = 4 \neq 0 \Rightarrow$ linear unabhängig;

b) $\det(\mathfrak{v}_1, \mathfrak{v}_2, \mathfrak{v}_3) = 0 \Rightarrow$ linear abhängig: $-6 \cdot \mathfrak{v}_1 - 9 \cdot \mathfrak{v}_2 + 3 \cdot \mathfrak{v}_3 = \mathfrak{o}$;

c) $\det(\mathfrak{v}_1, \mathfrak{v}_2, \mathfrak{v}_3) = 0 \Rightarrow$ linear abhängig: $14 \cdot \mathfrak{v}_1 - 7 \cdot \mathfrak{v}_2 + 35 \cdot \mathfrak{v}_3 = \mathfrak{o}$;

d) $\det(\mathfrak{v}_1, \mathfrak{v}_2, \mathfrak{v}_3) = 14 \neq 0 \Rightarrow$ linear unabhängig;

3.a) nein; b) $\det(\mathfrak{a}, \mathfrak{b}, \mathfrak{c}) = 0 \implies$ ja: $A_{11}\cdot\mathfrak{a} + A_{12}\cdot\mathfrak{b} + A_{13}\cdot\mathfrak{c} = \mathfrak{o}$;
$\iff 2\cdot\mathfrak{a} - 10\cdot\mathfrak{b} - 2\cdot\mathfrak{c} = \mathfrak{o}$; $\iff \mathfrak{c} = \mathfrak{a} - 5\cdot\mathfrak{b}$;

4.a) $\det(\mathfrak{a}_1, \mathfrak{a}_2, \mathfrak{a}_3) = -7 \neq 0 \implies$ genau eine Lösung: $\mathbb{L} = \{(1|-2|3)\}$;
b) $\operatorname{Rg}\mathfrak{A} = 2$, $\operatorname{Rg}\tilde{\mathfrak{A}} = 3 \implies$ es gibt keine Lösung: $\mathbb{L} = \{\ \}$;

5.a) $\mathbb{L} = \{(1|2|3)\}$; b) $\mathbb{L} = \{(-\frac{1}{4}|\frac{1}{2}|\frac{3}{4})\}$;

6. $\operatorname{Rg}\mathfrak{A} = 2 \implies$ es gibt niemals genau eine Lösung;
∞^1 Lösungen: $\operatorname{Rg}\tilde{\mathfrak{A}} = 2$: Es gilt $\{\mathfrak{a}_1, \mathfrak{a}_2\}$ linear unabhängig, für $\operatorname{Rg}\tilde{\mathfrak{A}} = 2$ muß also sein:
$\lambda\cdot\mathfrak{a}_1 + \mu\cdot\mathfrak{a}_2 + \nu\cdot\mathfrak{b} = \mathfrak{o}$ mit $(\lambda|\mu|\nu) \neq (0|0|0)$. Dies führt zur Bedingung $\det(\mathfrak{a}_1, \mathfrak{a}_2, \mathfrak{b}) = 0$ oder $4r + 14s + 9t = 0$;

S.108 7.a) $D = a^3 + b^3 + c^3 - 3abc$; b) $D = \frac{7}{6}$; c) $D = a^3 + 3a^2 - 16a - 48$;

8.a) $\lambda = -6{,}4$; b) μ beliebig, $\lambda = \frac{1}{3}(17\mu + 44)$;

9.a) $D = 16$; b) $D = -177$; c) $D = 0$;

10. Beh. ergibt sich durch Berechnen mit der Regel von Sarrus oder durch Entwickeln nach einer Reihe mit mehreren Nullen.

4 Homogene lineare Gleichungssysteme

S.111 1.a) $\operatorname{Rg}\mathfrak{A} = 2 \implies$ es gibt ∞^1 Lösungen: $\mathbb{L} = \{(\frac{5}{2}x_3|\frac{3}{2}x_3|x_3) \mid x_3 \text{ bel.} \in \mathbb{R}\}$;
b) $\det\mathfrak{A} = -11 \neq 0 \implies$ es gibt nur die triviale Lösung: $\mathbb{L} = \{(0|0|0)\}$;

2. Die Lösungsmenge $\mathbb{L}$ ist eine Teilmenge des Vektorraumes der reellen Tripel. Wegen $(0|0|0) \in \mathbb{L}$ ist $\mathbb{L}$ nicht leer.
Wegen I.4.1, Satz 1 ist zu zeigen:
$\mathfrak{x} = (x_1|x_2|x_3) \in \mathbb{L}$, $\mathfrak{y} = (y_1|y_2|y_3) \in \mathbb{L}$
a) $\implies \mathfrak{x} + \mathfrak{y} = (x_1+y_1|x_2+y_2|x_3+y_3) \in \mathbb{L}$
b) $\implies r\cdot\mathfrak{x} = (rx_1|rx_2|rx_3) \in \mathbb{L}$
Aus $\mathfrak{a}_1x_1 + \mathfrak{a}_2x_2 + \mathfrak{a}_3x_3 = \mathfrak{o}$ und $\mathfrak{a}_1y_1 + \mathfrak{a}_2y_2 + \mathfrak{a}_3y_3 = \mathfrak{o}$
folgt $\mathfrak{a}_1(x_1+y_1) + \mathfrak{a}_2(x_2+y_2) + \mathfrak{a}_3(x_3+y_3) = \mathfrak{o}$ und
$\mathfrak{a}_1rx_1 + \mathfrak{a}_2rx_2 + \mathfrak{a}_3rx_3 = \mathfrak{o}$, und damit die Behauptung.

3.a) $\det\mathfrak{A} \neq 0 \implies U_0 = \{(0|0|0)\}$, Dim $U_0 = 0$;
b) $U_1 = \{(x_1|0|x_1) \mid x_1 \in \mathbb{R}\}$, Basis $\{(1|0|1)\} \implies \dim U_1 = 1$;
c) $U_2 = (x_1|x_2|x_1-2x_2) \mid x_1, x_2 \in \mathbb{R}$; Basis $\{(1|0|1), (0|1|-2)\} \implies$ dim $U_2 = 2$.

4.a) $U_1 = \{(x_1|x_2|\frac{x_1+5x_2}{2}) \mid x_1, x_2 \text{ bel.} \in \mathbb{R}\}$;
b) $U_2 = \{(x_1|-\frac{7}{17}x_1|-\frac{9}{17}x_1) \mid x_1 \text{ bel.} \in \mathbb{R}\}$;
c) $U_3 = \{(0|0|0)\}$
U_i sind Untervektorräume:
a) Mit $\mathfrak{a} = (x_1|x_2|\frac{x_1+5x_2}{2})$ und $\mathfrak{b} = (y_1|y_2|\frac{y_1+5y_2}{2})$ folgt auch

$\mathfrak{a} + \mathfrak{b} = (x_1+y_1|x_2+y_2|\frac{x_1+y_1+5(x_2+y_2)}{2}) \in U_1$, denn

$(x_1+y_1) + 5(x_2+y_2) - 2\frac{x_1+y_1+5(x_2+y_2)}{2} = 0$, und $r\cdot\mathfrak{a} \in U_1$, denn

$rx_1 + 5rx_2 - 2r\frac{x_1+5x_2}{2} = 0$. Analog für b). c) $U_3 = V_0 = \{\mathfrak{o}\}$;

dim $U_1 = 2$; dim $U_2 = 1$; dim $U_3 = 0$;

$U_3 \subset U_2$, denn $(0|0|0) = (x_1|-\frac{7}{17}x_1|-\frac{9}{17}x_1)$ für $x_1 = 0$;

$U_2 \subset U_1$, denn $(x_1|-\frac{7}{17}x_1|-\frac{9}{17}x_1) = (x_1|x_2|\frac{x_1+5x_2}{2})$ für $x_2 = -\frac{7}{17}x_1$.

5.a) $U_1 = \left\{(x_1|x_2|\frac{-2x_1+x_2}{3}) \mid x_1, x_2 \in \mathbb{R}\right\}$;

b) $U_2 = \left\{(x_1|x_2|x_1+5x_2) \mid x_1, x_2 \in \mathbb{R}\right\}$;

c) $U_3 = \left\{(x_1|-\frac{5}{14}x_1|-\frac{11}{14}x_1) \mid x_1 \in \mathbb{R}\right\}$;

$U_1 \cap U_2 = \left\{(x_1|x_2|\frac{-2x_1+x_2}{3}) \mid \frac{-2x_1+x_2}{3} = x_1+5x_2 \wedge x_1, x_2 \in \mathbb{R}\right\} =$

$= \left\{(x_1|-\frac{5}{14}x_1|-\frac{11}{14}x_1) \mid x_1 \in \mathbb{R}\right\} = U_3$.

S.112 6.a) (2) nur triviale Lösung $\Leftrightarrow$ det $\mathfrak{A} \neq 0$ $\Leftrightarrow$ (1) hat genau eine Lösung;

b) (2) nichttriviale Lösung $\Leftrightarrow$ det $\mathfrak{A} = 0$ $\Leftrightarrow$ Rg $\mathfrak{A} < 3$ $\Leftrightarrow$ $\{\mathfrak{a}_1, \mathfrak{a}_2, \mathfrak{a}_3\}$ linear abhängig $\Rightarrow$ es gibt $\mathfrak{b}$ mit Rg $\mathfrak{A} <$ Rg $\tilde{\mathfrak{A}}$, d.h. (1) hat keine Lösung;

c) ((2) nichttriviale Lösung und (1) hat eine Lösung) $\Leftrightarrow$ $\Leftrightarrow$ (det $\mathfrak{A} = 0 \wedge$ Rg $\mathfrak{A} =$ Rg $\tilde{\mathfrak{A}}$) $\Rightarrow$ Rg $\mathfrak{A}$ = Rg $\tilde{\mathfrak{A}} \leqq 2$ möglich $\Rightarrow$ $\Rightarrow$ es gibt ∞^1 oder ∞^2 oder ∞^3 Lösungen.

5 Unter- und überbestimmte Gleichungssysteme

S.115 1.a) Rg $\mathfrak{A}$ = Rg $\tilde{\mathfrak{A}} = 2$ $\Rightarrow$ ∞^1 Lösungen:

$\mathbb{L} = \left\{(x_1|\frac{13-29x_1}{14}|\frac{-11+17x_1}{14}) \mid x_1 \text{ beliebig} \in \mathbb{R}\right\}$;

b) Rg $\mathfrak{A} = 1$, Rg $\tilde{\mathfrak{A}} = 2$ $\Rightarrow$ es gibt keine Lösung; $\mathbb{L} = \{\ \}$;

c) Rg $\mathfrak{A}$ = Rg $\tilde{\mathfrak{A}} = 1$ $\Rightarrow$ ∞^2 Lösungen: $\mathbb{L} = \{(2+0{,}4x_2-0{,}5x_3|x_2|x_3) \mid x_2, x_3 \text{ beliebig} \in \mathbb{R}\}$;

2. Der Ansatz $\lambda\cdot\mathfrak{a} + \mu\cdot\mathfrak{b} + \nu\cdot\mathfrak{c} = \mathfrak{o}$ ergibt ein unterbestimmtes Gleichungssystem.

Für $\mathfrak{A} = \begin{pmatrix} a_1 & b_1 & a_1+b_1 \\ a_2 & b_2 & a_2-b_2 \\ 0 & 0 & 0 \end{pmatrix}$ gilt det $\mathfrak{A} = 0$, d.h. es existiert immer eine (sogar ∞^1 Lösungen), also ist $\{\mathfrak{a}, \mathfrak{b}, \mathfrak{c}\}$ linear abhängig. Analog: Je drei Vektoren eines zweidimensionalen Vektorraumes sind linear abhängig.

3.a) Für
$$\begin{aligned} 2x_1 - 5x_2 &= 9 \\ -3x_1 + x_2 &= -7 \end{aligned}$$
erhält man als Lösung $(x_1|x_2) = (2|-1)$, die aber die 3. Gleichung nicht erfüllt. Also $\mathbb{L} = \{\ \}$;

b) $\mathbb{L} = \{(-1|-1)\}$;

S.116 c) Das System aus den ersten beiden Gleichungen ist unlösbar, also gilt auch für das Gesamtsystem: $\mathbb{L} = \{\ \}$;

d) Das System aus den beiden ersten Gleichungen hat die Lösungsmenge

$$\mathbb{L}_1 = \left\{ \left(x_1 \middle| \frac{2x_1-7}{3}\right) \middle| \, x_1 \in \mathbb{R} \right\}.$$ Diese Zahlenpaare erfüllen auch die 3. Gleichung, also $\mathbb{L} = \mathbb{L}_1$.

4. Man untersucht zuerst das System aus den ersten drei Gleichungen auf Lösungen und prüft dann, ob diese auch die 4. Gleichung erfüllen:

a) $\mathbb{L} = \{(1|1|1)\}$; b) $\mathbb{L} = \{\ \}$; c) $\mathbb{L} = \{(-1-2x_3|2+x_3|x_3) \mid x_3 \in \mathbb{R}\}$;

5.a) $\mathbb{L} = \{\ \}$; b) $\mathbb{L} = \{(2|4)\}$.

VI. Punktraum

S.123 1.a) Beh. folgt direkt aus Definition 1.1 (S. 115).

b) Für alle $A \in \mathbb{P}$ ergibt sich mit der Identität von CHASLES und den Eigenschaften der additiven Gruppe von $\mathbb{V}$

$\overrightarrow{AA} + \overrightarrow{AA} = \overrightarrow{AA} \Rightarrow \overrightarrow{AA} = \mathfrak{o}$, also gilt $A = B \Rightarrow \overrightarrow{AB} = \mathfrak{o}$.
Die Umkehrung erhält man mit $\mathfrak{o} = \overrightarrow{AA}$ aus a).

2. Zu jedem $\mathfrak{a} \in \mathbb{V}$ und zu jedem $\mathfrak{x} \in \mathbb{V}$ gibt es genau ein $\mathfrak{b} \in \mathbb{V}$ mit
$\mathfrak{a} - \mathfrak{b} = \mathfrak{x}$ bzw. $k(\mathfrak{b} - \mathfrak{a}) = \mathfrak{x}$, nämlich
$\mathfrak{b} = \mathfrak{a} - \mathfrak{x}$ bzw. $\mathfrak{b} = \frac{1}{k}\mathfrak{x} + \mathfrak{a}$.

Ferner gilt für alle $\mathfrak{x}, \mathfrak{y}, \mathfrak{z} \in \mathbb{V}$
$(\mathfrak{x}-\mathfrak{y}) + (\mathfrak{y}-\mathfrak{z}) = \mathfrak{x}-\mathfrak{z}$ bzw. $k(\mathfrak{y}-\mathfrak{x}) + k(\mathfrak{z}-\mathfrak{y}) = k(\mathfrak{z}-\mathfrak{x})$.

3. $\mathfrak{y}_2 - \mathfrak{y}_1 \in \mathbb{V}$.

Zu jedem $\mathfrak{a} = (a_1|a_2|1) \in \mathbb{P}$ und zu jedem $\mathfrak{x} = (x_1|x_2|0) \in \mathbb{V}$ gibt es genau ein $\mathfrak{b} = (b_1|b_2|1) \in \mathbb{P}$ mit $\mathfrak{b} - \mathfrak{a} = \mathfrak{x}$, nämlich
$\mathfrak{b} = (a_1+x_1|a_2+x_2|1)$.

Ferner gilt für alle $\mathfrak{x}, \mathfrak{y}, \mathfrak{z} \in \mathbb{P}$: $(\mathfrak{y}-\mathfrak{x}) + (\mathfrak{z}-\mathfrak{y}) = (\mathfrak{z}-\mathfrak{x})$.

S.124 4. Nach 2. in VI.1, Def.1 (S.115) gilt: $\overrightarrow{PR} = \overrightarrow{PQ} + \overrightarrow{QR} =$
nach Voraussetzung $= \overrightarrow{RS} + \overrightarrow{QR} =$
nach (K) $= \overrightarrow{QR} + \overrightarrow{RS} =$
nach 2. in VI.1, Def. 1 $= \overrightarrow{QS}$.

5.

Quadrant	Vorzeichen der 1. Punktkoordinate	Vorzeichen der 2. Punktkoordinate
I	+	+
II	–	+
III	–	–
IV	+	–

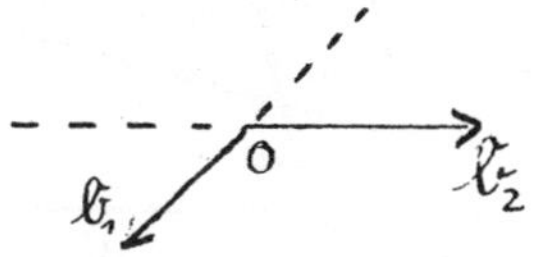

6.

Oktant	Vorzeichen der 1. Punktkoordinate	2.	3.
I	+	+	+
II	+	–	+
III	+	–	–
IV	+	+	–
V	–	+	+
VI	–	–	+
VII	–	–	–
VIII	–	+	–

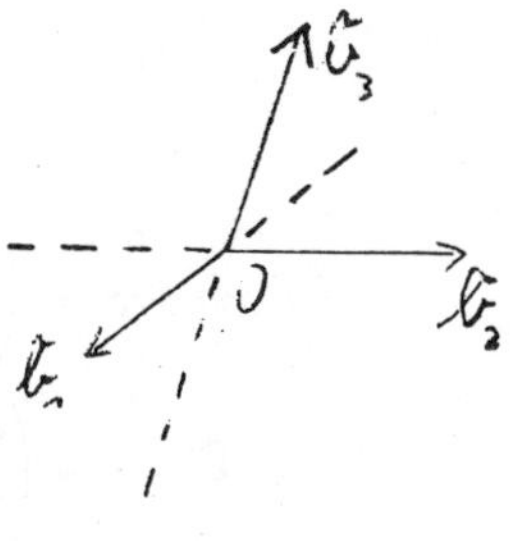

7.a) $\overrightarrow{PQ} = \begin{pmatrix}-3\\2\end{pmatrix}$; b) $\overrightarrow{PQ} = \begin{pmatrix}-6\\3\\5\end{pmatrix}$;

8.a) $\overrightarrow{AB} = \begin{pmatrix}1\\0\\-2\end{pmatrix}$; $\overrightarrow{AC} = \begin{pmatrix}-1\\0\\2\end{pmatrix}$; $\overrightarrow{BC} = \begin{pmatrix}-2\\0\\4\end{pmatrix}$; $\overrightarrow{AB} + \overrightarrow{AC} = \begin{pmatrix}0\\0\\0\end{pmatrix}$;

$2\overrightarrow{BC} + \overrightarrow{AC} - \overrightarrow{BA} = \begin{pmatrix}-4\\0\\8\end{pmatrix}$; b) $\overrightarrow{AB} = \begin{pmatrix}1\\6\\-4\end{pmatrix}$; $\overrightarrow{AC} = \begin{pmatrix}2\\-1\\0\end{pmatrix}$; $\overrightarrow{BC} = \begin{pmatrix}1\\-7\\4\end{pmatrix}$;

$\overrightarrow{AB} + \overrightarrow{AC} = \begin{pmatrix}3\\5\\-4\end{pmatrix}$; $2\overrightarrow{BC} + \overrightarrow{AC} - \overrightarrow{BA} = \begin{pmatrix}5\\-9\\4\end{pmatrix}$; c) $\overrightarrow{AB} = \begin{pmatrix}18\\-24\end{pmatrix}$;

$\overrightarrow{AC} = \begin{pmatrix}21\\-20\end{pmatrix}$; $\overrightarrow{BC} = \begin{pmatrix}3\\4\end{pmatrix}$; $\overrightarrow{AB} + \overrightarrow{AC} = \begin{pmatrix}39\\-44\end{pmatrix}$; $2\overrightarrow{BC} + \overrightarrow{AC} - \overrightarrow{BA} = \begin{pmatrix}45\\-36\end{pmatrix}$;

9.a) Die durch Antragen eines Repräsentanten von $\vec{u}$ im Punkt A entstehende Strecke.
b) Das von A aus durch Repräsentanten von $\vec{u}$ und $\vec{v}$ aufgespannte Parallelogramm.
c) Das von A aus durch Repräsentanten von $\vec{u}$, $\vec{v}$ und $\vec{w}$ aufgespannte Spat.
(Jeweils alle Punkte im Innern und auf dem Rand).

S.125 10.a) Strecke [BC] mit $\overrightarrow{BC} = 2\cdot\vec{u}$ und Mittelpunkt A.
b) Strecke [AB] mit $\overrightarrow{AB} = \vec{u}$.
c) Parallelogramm BCDE mit z.B. $\overrightarrow{BC} = 2\cdot\vec{u}$, $\overrightarrow{CD} = 2\cdot\vec{v}$ und Diagonalenschnittpunkt A.
d) Streifen:

11.a) $\vec{X} = \lambda\cdot\vec{a} + \mu\cdot\vec{b} + \nu\cdot\vec{c}$, $0 < \lambda, \mu, \nu < 1$;
b) $\vec{X} = \vec{a} + \lambda\cdot[(\vec{b}+\vec{c}) - \vec{a}]$, $0 \le \lambda \le 1$;
c) $\vec{X} = \frac{1}{2}(\vec{a}+\vec{c}) + \lambda\left[\frac{1}{2}(\vec{a}+\vec{b}) - \frac{1}{2}(\vec{a}+\vec{c})\right]$, $0 \le \lambda \le 1$;

12. Parallelogramm im Raum:

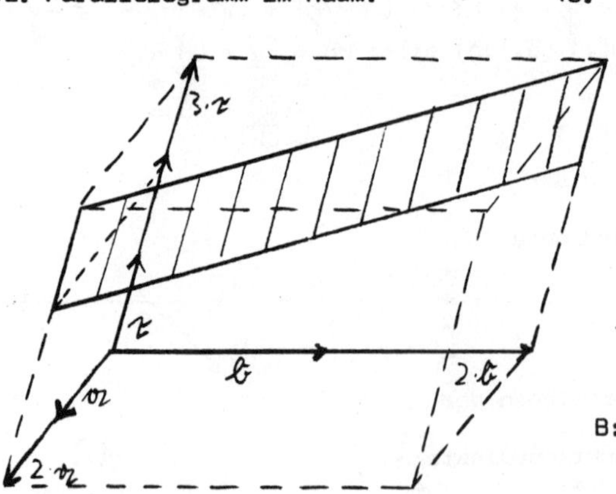

13.

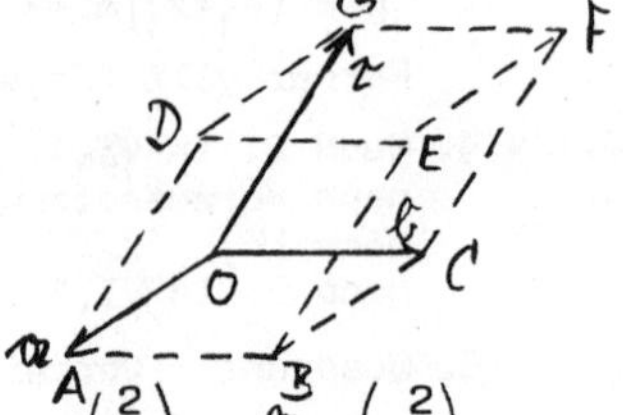

$\vec{a} = \begin{pmatrix}2\\-3\\4\end{pmatrix}$; $\vec{b} = \begin{pmatrix}2\\-1\\0\end{pmatrix}$;

$\vec{c} = \begin{pmatrix}0\\1\\2\end{pmatrix}$; O: $\vec{O} = \begin{pmatrix}0\\0\\0\end{pmatrix}$;

B: $\vec{B} = \overrightarrow{OB} = \overrightarrow{OA} + \overrightarrow{AB} = \vec{a} + \vec{b} = \begin{pmatrix}4\\-4\\4\end{pmatrix}$;

D: $\vec{D} = \vec{a} + \vec{c} = \begin{pmatrix}2\\-2\\6\end{pmatrix}$; E: $\vec{E} = \vec{a} + \vec{b} + \vec{c} = \begin{pmatrix}4\\-3\\6\end{pmatrix}$;

F: $\vec{F} = \vec{b} + \vec{c} = \begin{pmatrix}2\\0\\2\end{pmatrix}$; M: $\vec{M} = \frac{1}{2}\cdot\vec{a} + \frac{1}{2}\cdot\vec{b} + \frac{1}{2}\cdot\vec{c} = \begin{pmatrix}4\\-\frac{3}{2}\\3\end{pmatrix}$.

14. $\vec{C} = \vec{A} + 2\cdot\vec{AB} = \begin{pmatrix}12\\-7\end{pmatrix}$; C(12|−7);

15. $\vec{A} = \vec{R} - \vec{RS} = \begin{pmatrix}-1\\0\end{pmatrix}$; A(−1|0); $\vec{B} = \vec{S} + \vec{RS} = \begin{pmatrix}5\\6\end{pmatrix}$; B(5|6);

16. Darstellung in kart. Koord.S.:

$\vec{D_1} = \vec{A} + \vec{BC} = \begin{pmatrix}-5\\-1\end{pmatrix}$; $D_1(-5|-1)$;

$\vec{D_2} = \vec{A} + \vec{CB} = \begin{pmatrix}1\\1\end{pmatrix}$; $D_2(1|1)$;

$\vec{D_3} = \vec{B} + \vec{AC} = \begin{pmatrix}5\\9\end{pmatrix}$; $D_3(5|9)$;

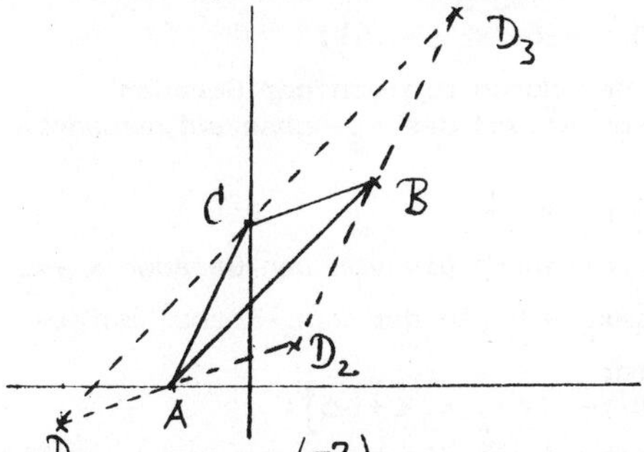

17. $\vec{A} = \vec{C} + 2\cdot\vec{CM} = \begin{pmatrix}-7\\8\\35\end{pmatrix}$; A(−7|8|35); $\vec{D} = \vec{B} + 2\cdot\vec{BM} = \begin{pmatrix}-6\\4\\27\end{pmatrix}$; D(−6|4|27);

18. $\vec{B} = \vec{A} + 2\cdot\vec{AM} = \begin{pmatrix}-1\\-7\\1\end{pmatrix}$; B(−1|−7|1);

S.126 19.a) $\vec{M_1} = \vec{B} + \frac{1}{2}\cdot\vec{BC} = \begin{pmatrix}4\\3\\2,5\end{pmatrix}$; $\vec{AM_1} = \begin{pmatrix}4\\-2\\3,5\end{pmatrix}$; $\vec{M_2} = \vec{A} + \frac{1}{2}\cdot\vec{AC} = \begin{pmatrix}2,5\\4,5\\1,5\end{pmatrix}$;

$\vec{BM_2} = \begin{pmatrix}-0,5\\2,5\\0,5\end{pmatrix}$; $\vec{M_3} = \vec{A} + \frac{1}{2}\cdot\vec{AB} = \begin{pmatrix}1,5\\3,5\\0\end{pmatrix}$; $\vec{CM_3} = \begin{pmatrix}-3,5\\-0,5\\-4\end{pmatrix}$;

b) Planfigur:

$\vec{D_1} = \vec{A} + \vec{BC} = \begin{pmatrix}2\\7\\2\end{pmatrix}$; $D_1(2|7|2)$;

$\vec{D_2} = \vec{C} + \vec{AB} = \begin{pmatrix}8\\1\\6\end{pmatrix}$; $D_2(8|1|6)$;

$\vec{D_3} = \vec{A} + \vec{CB} = \begin{pmatrix}-2\\3\\-4\end{pmatrix}$; $D_3(-2|3|-4)$;

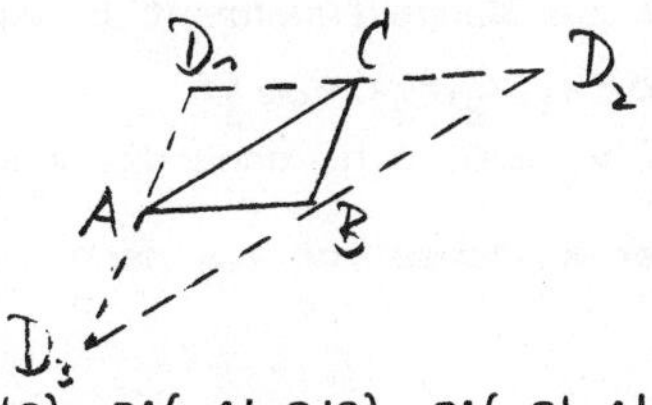

20. A'(0|1|3); B'(−4|−2|8); C'(−2|−1|4); R(3|1|−4); S(4|3|−2); T(2|1|−4);

21.

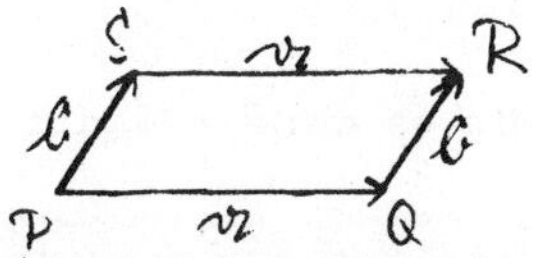

$F(\mathfrak{a}, \mathfrak{b}) = \det(\mathfrak{a}, \mathfrak{b})$ (vgl. IV. 4.4)

a) $F(\mathfrak{a}, \mathfrak{b}) = 10$;

b) $F(\mathfrak{a}, \mathfrak{b}) = -35$;

c) $F(\mathfrak{a}, \mathfrak{b}) = 21,89$;

d) $F(\mathfrak{a}, \mathfrak{b}) = 0$;

22.a) Parallelflach (Spat) einschließlich Randflächen, Ursprung in der Mitte.

b) Parallelflach (Spat) ohne Randflächen, Ursprung in einer Ecke.

23.a) x_2x_3–Ebene; b) x_1x_3–Ebene; c) x_3–Achse;

d) Ebene, aufgespannt durch x_3–Achse und Gerade $x_1 = x_2$ (in x_1x_2–Ebene);

e) Gerade $x_1 = x_2$ (in x_1x_2-Ebene);

f) Gerade OP mit $O(0|0|0)$ und $P(1|1|1)$.

24.a) $M\{X(x_1|x_2|x_3)|x_1>0 \wedge -\infty<x_2,x_3<+\infty\}$:
offener Halbraum, der durch die x_2x_3-Ebene begrenzt wird;

b) $M=\{X(x_1|x_2|x_3)|x_1+x_2 \leq 0 \wedge -\infty<x_3<+\infty\}$:
abgeschlossener Halbraum, der durch die von der Geraden $x_1 + x_2 = 0$ (in der x_1x_2-Ebene) und der x_3-Achse aufgespannte Ebene begrenzt wird;

c) $M=\{X(x_1|x_2|x_3)|x_1 - x_2 - x_3 \geq 0\}$:
abgeschlossener Halbraum, der durch die von den Geraden $x_2+x_3 = 0$ (in der x_2x_3-Ebene) und $x_1-x_2 = 0$ (in der x_1x_2-Ebene) aufgespannte Ebene begrenzt wird;

d) $M=\{X(x_1|x_2|x_3)|2x_1+1 \leq 0 \wedge -\infty<x_2,x_3<+\infty\}$:
abgeschlossener Halbraum, der durch die zur x_2x_3-Ebene parallele Ebene durch $P(-\frac{1}{2}|0|0)$ begrenzt wird;

25.a) $M=\{X(x_1|x_2|x_3)|x_1>0 \wedge x_2>0 \wedge -\infty<x_3<+\infty\}$:
offener "Viertelraum", der durch die x_1x_3- und die x_2x_3-Ebene begrenzt wird (Oktant I und Oktant IV, vgl. Aufg. 6);

b) $M=\{X(x_1|x_2|x_3)| x_1 \leq 0 \wedge x_2 \geq 0 \wedge x_3 \leq 0\}$:
abgeschlossener "Achtelraum", der durch die x_1x_2-, x_2x_3- und x_1x_3-Ebene begrenzt wird (Oktant VIII, vgl. Aufg. 6)

c) $M=\{X(x_1|x_2|x_3)|x_1 \geq 0 \wedge x_2>0 \wedge x_3 = 0\}$:
"Viertelebene", die durch die positiven x_1- und x_2-Achsen aufgespannt wird; die positive x_1-Achse gehört nicht zur Menge, die positive x_2-Achse gehört zur Menge (Quadrant I, vgl. Aufg. 5);

d) $M=\{X(x_1|x_2|x_3)|x_1 \neq 0 \wedge -\infty<x_1,x_2,x_3<+\infty\}$:
gesamter Raum ohne die Ebene $x_1 = 0$, d.h. ohne die x_2x_3-Ebene;

26. Der Punkt P bewegt sich auf der x_2-Achse von $+\infty$ nach 0 und dann wieder nach $+\infty$.

VII. Gerade und Ebene im $\mathbb{R}^3$

1 Gerade - Geradengleichung

S.137 1.a) M ist die Menge aller Punkte X, für die es ein $\vec{u} \in \mathbb{U}$ gibt mit $\overrightarrow{AX} = \vec{u}$.
Seien $X,Y \in M$, d.h. also $\overrightarrow{AX} \in \mathbb{U}$, $\overrightarrow{AY} \in \mathbb{U}$.
Wir haben zunächst zu zeigen, daß $(X|Y)$ eindeutig ein Vektor $\overrightarrow{XY} \in \mathbb{U}$ zugeordnet wird:
Da X und Y Punkte in $\mathbb{P}$ sind, gibt es einen eindeutig bestimmten Vektor $\overrightarrow{XY} \in \mathbb{V}$. Wir zeigen, daß $\overrightarrow{XY}$ in $\mathbb{U}$ liegt. Es gilt
$\overrightarrow{AX} + \overrightarrow{XY} = \overrightarrow{AY}$, also $\overrightarrow{XY} = \overrightarrow{AY} - \overrightarrow{AX}$. Da $\overrightarrow{AY}$ und $\overrightarrow{AX}$ Vektoren aus $\mathbb{U}$ sind und da $\mathbb{U}$ ein Vektorraum ist, folgt $\overrightarrow{XY} \in \mathbb{U}$.
Wir zeigen, daß Def.1,1. gilt:
Sei $O \in M$ und $\vec{e} \in \mathbb{U}$. Dann gibt es in $\mathbb{P}$ einen Punkt X mit $\overrightarrow{OX} = \vec{e}$. Wir zeigen, daß X zu M gehört. Es ist in $\mathbb{P}$:

$\vec{AX} = \vec{AO} + v$. Da auch $\vec{AO}$ zu $\mathbb{U}$ gehört, folgt $\vec{AX} \in \mathbb{U}$ und damit $X \in M$.
Def. 1,2. gilt auch in M, da sie in ganz $\mathbb{P}$ erfüllt ist.

b) Sei $B \in M$ und $M' = \{Y \mid \vec{BY} = u$ für ein $u \in \mathbb{U}\}$.
Speziell gilt $A \in M'$, da $\vec{BA} = -\vec{AB} \in \mathbb{U}$ ist. Es gilt nun für jeden Punkt $Z \in M$:

$$\vec{AB} + \vec{BZ} = \vec{AZ}, \text{ also } \vec{BZ} = \vec{AZ} - \vec{AB} \in \mathbb{U}, \text{ d.h. } Z \in M'.$$

Damit gilt $M \subset M'$.
Sei jetzt $Y \in M'$. Dann gilt

$$\vec{BA} + \vec{AY} = \vec{BY}, \text{ also } \vec{AY} = \vec{BY} - \vec{BA} \in \mathbb{U}, \text{ d.h. } Y \in M.$$

Damit gilt auch $M' \subset M$ und folglich $M = M'$.

2. Richtungsvektor: $u = \begin{pmatrix} 1 \\ -2 \\ 0 \end{pmatrix}$;

3. $\vec{X} = \begin{pmatrix} 1 \\ 2 \\ 1 \end{pmatrix} + \lambda \begin{pmatrix} 3 \\ 1 \\ 0 \end{pmatrix}$;

4. x_1-Achse: $\vec{X} = \lambda \begin{pmatrix} 1 \\ 0 \\ 0 \end{pmatrix}$; x_2-Achse: $\vec{X} = \lambda \begin{pmatrix} 0 \\ 1 \\ 0 \end{pmatrix}$; x_3-Achse: $\vec{X} = \lambda \begin{pmatrix} 0 \\ 0 \\ 1 \end{pmatrix}$;

5. a) x_1-Achse; b) parallel zur x_3-Achse;
S.138 c) durch $P(1|1|1)$ und $O(0|0|0)$; d) x_2-Achse;
e) Gerade durch den Ursprung; f) Gerade parallel zur x_1-Achse;
g) Gerade in der x_1x_3-Ebene durch den Ursprung:

$$\vec{X} = \begin{pmatrix} 1 \\ 0 \\ 1 \end{pmatrix} + \lambda \begin{pmatrix} 1 \\ 0 \\ 1 \end{pmatrix} = (\lambda + 1) \begin{pmatrix} 1 \\ 0 \\ 1 \end{pmatrix};$$

6. $X_1(2|3|9)$; $X_2(2|2|16)$; $X_3(2|4|2)$; $X_4(2|3-\sqrt{2}|9+7\sqrt{2})$; $X_5(2|-997|7009)$;

7. $P_1 \in g$, $\lambda = 0$; $P_2 \notin g$; $P_3 \in g$, $\lambda = 3$; $P_4 \notin g$;

8. $p_2 = -2$; $p_3 = -5$; $q_1 = -1$; $q_3 = 3$;

9. a) $\vec{X} = \lambda \begin{pmatrix} 2 \\ -5 \\ 1 \end{pmatrix}$; b) $\vec{X} = \begin{pmatrix} 2 \\ -2 \\ -2 \end{pmatrix} + \lambda \begin{pmatrix} -1 \\ 4 \\ 2 \end{pmatrix}$;

10. $\vec{X} = \vec{A} + \lambda(\vec{A} - \vec{B})$; $\vec{X} = \vec{B} + \lambda(\vec{B} - \vec{A})$; $\vec{X} = \vec{B} + \lambda(\vec{A} - \vec{B})$;

11.

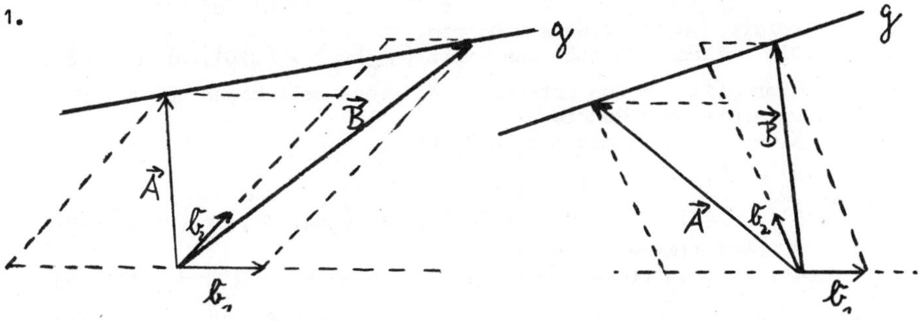

12. $\vec{X} = \frac{\vec{A} + \lambda \cdot \vec{B}}{1+\lambda} \iff \vec{X} = \vec{A} + \lambda(\vec{B} - \vec{X}) \iff \vec{X} = \vec{A} + \lambda(\vec{B} - \frac{\vec{A} + \lambda \cdot \vec{B}}{1+\lambda})$

$\iff \vec{X} = \vec{A} + \frac{\lambda}{1+\lambda}(\vec{B} - \vec{A})$, also Gerade durch A und B.

Aber $X \neq B$ für alle λ, da $\frac{\lambda}{1+\lambda} \neq 1$.

$-\infty < \lambda < -1$: $X \in]B, +\infty[$; $-1 < \lambda \leq 0$: $X \in]-\infty, A]$;

$0 < \lambda < +\infty$: $X \in]A, B[$;

S.139 13. Beh.: $\lambda + \mu = 1 \iff P \in AB$ mit $\vec{P} = \lambda \cdot \vec{A} + \mu \cdot \vec{B}$

Bew.: "$\Rightarrow$": $\lambda + \mu = 1 \Rightarrow \lambda = 1 - \mu$, damit

$\vec{P} = (1-\mu)\vec{A} + \mu\vec{B} = \vec{A} + \mu(\vec{B} - \vec{A})$, also $P \in AB$.

"$\Leftarrow$": $\vec{P} = \lambda\vec{A} + \mu\vec{B} \wedge \vec{P} = \vec{A} + \nu(\vec{B} - \vec{A})$

$\Rightarrow (1 - \nu - \lambda)\vec{A} + (\nu - \mu)\vec{B} = \vec{o}$

$\Rightarrow 1 - \nu - \lambda = 0 \wedge \nu - \mu = 0 \Rightarrow 1 - \lambda - \mu = 0$

$\Rightarrow \lambda + \mu = 1$.

14.a) $\vec{X} = \begin{pmatrix} 2 \\ -5 \end{pmatrix} + \lambda \begin{pmatrix} -4 \\ 8 \end{pmatrix}$; $2x_1 + x_2 + 1 = 0$;

b) $\vec{X} = \begin{pmatrix} 7 \\ 3 \\ -1 \end{pmatrix} + \lambda \begin{pmatrix} -3 \\ -1 \\ 1 \end{pmatrix}$; $x_1 - 3x_2 + 2 = 0 \wedge x_2 + x_3 - 2 = 0$;

15. $\lambda + 2\mu = -2$;

16. $\lambda^2 \geq 0 \Rightarrow \mu \geq -1$: Die Punkte mit $-\infty < \mu < -1$ treten nicht als Bild auf.

17.a) $\vec{X} = \begin{pmatrix} -2 \\ 4 \\ 3 \end{pmatrix} + \lambda \begin{pmatrix} 1 \\ 0 \\ 0 \end{pmatrix}$ b) $\vec{X} = \begin{pmatrix} -2 \\ 4 \\ 3 \end{pmatrix} + \lambda \begin{pmatrix} 0 \\ 0 \\ 1 \end{pmatrix}$; c) $\vec{X} = \begin{pmatrix} -2 \\ 4 \\ 3 \end{pmatrix} + \lambda \begin{pmatrix} 1 \\ -2 \\ 1 \end{pmatrix}$;

parameterfreie Darstellung:

a) $x_2 = 4 \wedge x_3 = 3 \wedge x_1$ beliebig; b) $x_1 = -2 \wedge x_2 = 4 \wedge x_3$ beliebig;

c) $2x_1 + x_2 = 0 \wedge x_1 - x_3 + 5 = 0$

x_i und x_j konstant und x_k beliebig $\Rightarrow$ parallel zur x_k-Achse.

18. Beweis für : $g = h \iff \{\vec{u}, \vec{w}\}$ linear abhängig $\wedge$ $B \in g$

"$\Rightarrow$": $g = h \Rightarrow A \in h$, d.h. es gibt ein $\mu_0 \in \mathbb{R}$ mit $\vec{A} = \vec{B} + \mu_0 \cdot \vec{w}$ (I)

$g = h \Rightarrow B \in g$, d.h. es gibt ein $\lambda_0 \in \mathbb{R}$ mit $\vec{B} = \vec{A} + \lambda_0 \vec{u}$ (II)

(II) in (I): $\vec{o} = \lambda_0 \vec{u} + \mu_0 \vec{w}$. Für $(\lambda_0|\mu_0) \neq (0|0)$

folgt: $\{\vec{u}, \vec{w}\}$ linear abhängig.

Wir untersuchen noch den Fall: $(\lambda_0|\mu_0) = (0|0)$, also $\vec{A} = \vec{B}$:

Hier gilt für den Ortsvektor $\vec{X}_1$ eines beliebigen von A = B verschiedenen Punktes X_1:

$\vec{X}_1 = \vec{A} + \lambda_1 \vec{u}$ mit $\lambda_1 \neq 0$ (III)

$\vec{X}_1 = \vec{A} + \mu_1 \vec{w}$ mit $\mu_1 \neq 0$ (IV)

(III - IV): $\vec{o} = \lambda_1 \vec{u} - \mu_1 \vec{w}$, mit $(\lambda_1|-\mu_1) \neq (0|0)$, d.h. $\{\vec{u}, \vec{w}\}$ linear abhängig.

"$\Leftarrow$": $\{\vec{u}, \vec{w}\}$ linear abhängig $\Rightarrow$ es gibt $(\lambda_1|\lambda_2) \neq (0|0)$, so daß $\vec{o} = \lambda_1 \vec{u} + \lambda_2 \vec{w}$, also gilt o.B.d.A. auch $\vec{w} = t \cdot \vec{u}$, $t \neq 0$. Wir erhalten damit

g: $\vec{X} = \vec{A} + \lambda \cdot \vec{u}$ (I)

h: $\vec{X} = \vec{B} + \mu \cdot \vec{w} = \vec{B} + \mu t \cdot \vec{u}$ (II)

$B \in g \Rightarrow$ es gibt ein $\lambda_0 \in \mathbb{R}$, so daß $\vec{B} = \vec{A} + \lambda_0 \cdot \vec{u}$ (III)

(III) in (II):

h: $\vec{X} = \vec{A} + (\lambda_0 + \mu t)\cdot \vec{u}$ (IV).

(I) und (IV) ergeben: g = h, denn beide Gleichungen beschreiben dieselbe Menge von Ortsvektoren und damit dieselbe Punktmenge. Für ein bestimmtes λ läßt sich μ aus $\lambda = \lambda_0 + \mu\cdot t$ eineindeutig berechnen (λ_0 und $t \neq 0$ sind dabei fest).

Beweis für: g = h $\Leftrightarrow$ $\{\vec{u},\vec{v}\}$ linear abhängig $\wedge$ $\{\vec{u}, \vec{AB} = \vec{B} - \vec{A}\}$ linear abhängig

Wir zeigen: $\{\vec{u},\vec{v}\}$ linear abhängig $\wedge$ $\{\vec{u}, \vec{AB} = \vec{B} - \vec{A}\}$ linear abhängig $\Leftrightarrow$ $\{\vec{u},\vec{v}\}$ linear abhängig $\wedge$ $B \in g$

"$\Rightarrow$": Es gilt: $\lambda_1\cdot\vec{u} + \lambda_2(\vec{B} - \vec{A}) = \vec{o}$ mit $(\lambda_1 | \lambda_2) \neq (0|0)$ (I)

Dabei muß $\lambda_2 \neq 0$ sein, denn sonst müßte wegen $\vec{u} \neq \vec{o}$ auch $\lambda_1 = 0$ sein entgegen der Voraussetzung $\{\vec{u}, \vec{B} - \vec{A}\}$ linear abhängig.

$\Rightarrow \vec{B} = \vec{A} - \frac{\lambda_1}{\lambda_2}\cdot\vec{u}$, d.h. $B \in g$.

"$\Leftarrow$": $B \in g \Rightarrow$ es gibt ein $\lambda_0 \in \mathbb{R}$, so daß $\vec{B} = \vec{A} + \lambda_0 \vec{u}$ (III)

$\Rightarrow -\lambda_0\vec{u} + (\vec{B} - \vec{A}) = \vec{o}$, d.h. $\{\vec{u}, \vec{B} - \vec{A}\}$ linear abhängig.

Die anderen Formulierungen folgen direkt.

19. Wegen $A \neq B$ gilt $\vec{AB} = \vec{B} - \vec{A} \neq \vec{o}$.
Die Gerade g mit der Parameterdarstellung $\vec{X} = \vec{A} + \lambda\cdot(\vec{B} - \vec{A})$ enthält sowohl A ($\lambda = 0$) als auch B ($\lambda = 1$).
Ist g' eine Gerade, die ebenfalls A und B enthält, so muß der zugehörige Vektorraum $\vec{AB} = \vec{B} - \vec{A}$ enthalten. Der zu g' gehörige Vektorraum wird also von $\vec{B} - \vec{A}$ aufgespannt, d.h. die zu g und g' gehörenden Vektorräume stimmen überein, also $g \| g'$.
Mit VII.1.3, Satz 2 folgt : g = g'.

20. g: $\vec{X} = \vec{A} + \lambda\cdot\vec{u}$, h: $\vec{X} = \vec{B} + \mu\cdot\vec{v}$
$g \| h \Leftrightarrow \{\vec{u},\vec{v}\}$ linear abhängig, also gibt es ein $\nu \in \mathbb{R}$ mit $\vec{u} = \nu\cdot\vec{v}$.
Wir zeigen: Haben g und h einen Punkt C gemeinsam, so gilt g = h.
$\vec{C} = \vec{A} + \lambda_c\cdot\vec{u}$, $\vec{C} = \vec{B} + \mu_c\cdot\vec{v} = \vec{B} + \mu_c\nu\cdot\vec{u} \Rightarrow$
$\vec{A} + \lambda_c\vec{u} = \vec{B} + \mu_c\nu\cdot\vec{u} \Leftrightarrow \vec{B} - \vec{A} = (\lambda_c - \mu_c\nu)\cdot\vec{u}$, d.h. neben $\{\vec{u},\vec{v}\}$ sind auch $\{\vec{u}, \vec{B}-\vec{A}\}$ linear abhängig.
Mit VII.1.3, Satz 2 folgt die Behauptung.

21. g und h besitzen genau dann einen gemeinsamen Punkt, wenn $\vec{A} + \lambda\cdot\vec{u} = \vec{B} + \mu\cdot\vec{v}$ oder $\vec{B} - \vec{A} = \lambda\cdot\vec{u} - \mu\cdot\vec{v}$ (*) eine Lösung $(\lambda|\mu)$ besitzt.
Wir untersuchen folgende zwei Fälle:
a) Ist $\{\vec{u},\vec{v},\vec{B} - \vec{A}\}$ linear unabhängig, so hat (*) keine Lösung $(\lambda|\mu)$. g und h besitzen somit keinen gemeinsamen Punkt, sind also windschief.
b) Sind $\{\vec{u},\vec{v},\vec{B} - \vec{A}\}$ linear abhängig, dann existiert für $\vec{B} - \vec{A}$ eine Gleichung: $\vec{B} - \vec{A} = k\cdot\vec{u} + l\cdot\vec{v}$, $k, l \in \mathbb{R}$, die sich auch als $\vec{A} + k\cdot\vec{u} = \vec{B} - l\cdot\vec{v}$ schreiben läßt. Die linke Seite stellt einen Punkt von g (für $\lambda = k$), die rechte Seite einen Punkt von h (für $\mu = -l$) dar, beide Punkte stimmen überein, d.h. es existiert genau ein gemeinsamer Punkt, der sog. Schnittpunkt.

Die Umkehrungen folgen direkt.

S.140 22.a) windschief; b) Schnittpunkt S(−1|0|2); c) windschief; d) g || h;

23. $Rg(\mathfrak{u},\mathfrak{v}) = Rg(\mathfrak{u},\vec{B}-\vec{A}) = 1$, also $g = h$. $\lambda = 3 - 2\mu$.

24.
$$d_1: \vec{X} = \vec{A} + \lambda\cdot(\vec{C}-\vec{A}) = \begin{pmatrix}-5\\4\\-2\end{pmatrix} + \lambda\begin{pmatrix}15\\-10\\20\end{pmatrix};$$
$$d_2: \vec{X} = \vec{B} + \lambda\cdot(\vec{D}-\vec{B}) = \begin{pmatrix}6\\-3\\4\end{pmatrix} + \lambda\begin{pmatrix}-6\\3\\18\end{pmatrix};$$

Die Diagonalen d_1 und d_2 schneiden sich in M(4|−2|10), d.h. ABCD ist ein ebenes Viereck.

25.a) Die Geradenschar stellt die z.B. von g_0 und g_1 aufgespannte Ebene mit Ausnahme der Geraden g_∞ (Parallele zur x_1-Achse durch A) dar.

b) $t_S = 0$;

c) 1. Möglichkeit: h ist parallel zu der von g_0 und g_1 aufgespannten Ebene, d.h. $\{\mathfrak{u}_0, \mathfrak{u}_1, \mathfrak{v}\}$ linear abhängig.

2. Möglichkeit: h schneidet die von g_0 und g_1 aufgespannte Ebene in einem Punkt der Ausnahmegeraden g_∞ , aber nicht in A.

26. $S(\frac{1}{13}|\frac{4}{13})$.

S.141 27.a) Gerade: $\vec{X} = (\vec{A} + \lambda_0\mathfrak{u}) + \mu\cdot\mathfrak{v}$;

b) Gerade: $\vec{X} = (\vec{A} + \mu_0\mathfrak{v}) + \lambda\cdot\mathfrak{u}$;

c) $\mathfrak{u} = \nu\cdot\mathfrak{v}$: Gerade: $\vec{X} = \vec{A} + (\mu + \lambda\nu^*)\cdot\mathfrak{v}$;

d) Halbgerade: $\vec{X} = (\vec{A} + \lambda_0\mathfrak{u}) + \mu\cdot\mathfrak{v}$.

2 Ebene – Ebenengleichung

S.153 1.
$$\vec{X} = \begin{pmatrix}-2\\1\\7\end{pmatrix} + \lambda\begin{pmatrix}2\\1\\3\end{pmatrix} + \mu\begin{pmatrix}-3\\5\\1\end{pmatrix};$$

2. A(2|1|3); B(0|1|8); C(3|8|5); D(1|8|10); $\det(\vec{AB},\vec{AC},\vec{AD}) = 0$.

3. $A \in E$, $\lambda = 1$, $\mu = 1$; $B \notin E$; $C \in E$, $\lambda = 8$, $\mu = -2$.

4.a)
$$\vec{X} = \begin{pmatrix}2\\1\\3\end{pmatrix} + \lambda\begin{pmatrix}-3\\-1\\2\end{pmatrix} + \mu\begin{pmatrix}0\\-8\\0\end{pmatrix};$$

b) A,B,C liegen auf einer Geraden. Es gibt unendlich viele Ebenen mit den Punkten A,B,C:
$$\vec{X} = \begin{pmatrix}2\\1\\-3\end{pmatrix} + \lambda\begin{pmatrix}5\\-2\\8\end{pmatrix} + \mu\cdot\mathfrak{v}, \text{ mit } \{\vec{B}-\vec{A}, \mathfrak{v}\} \text{ linear unabhängig.}$$

5.a) $\det(\vec{B}-\vec{A},\vec{C}-\vec{A},\vec{D}-\vec{A}) \neq 0 \Rightarrow D \notin E(A,B,C)$;

b) $\det(\vec{B}-\vec{A},\vec{C}-\vec{A},\vec{D}-\vec{A}) = 0 \Rightarrow D \in E(A,B,C)$;

6.a) Wegen $\frac{1}{\lambda} \neq 0$: Gerade durch P in Richtung $\mathfrak{u}$, ohne den Punkt P.

b) Wegen $\frac{\lambda}{\lambda - 1} \neq 1$: Gerade durch den Ursprung in Richtung $\mathfrak{u}$, ohne den zum Ortsvektor $\mathfrak{u}$ gehörigen Punkt U.

S.154 c) $\lambda = 1 - \mu$: $\vec{X} = (1-\mu)\cdot\vec{u} + \mu\cdot\vec{v} = \vec{u} + \mu\cdot(\vec{v}-\vec{u})$
Gerade durch die zu den Ortsvektoren $\vec{u}$ und $\vec{v}$ gehörigen Punkte U und V.

d) Offene Halbebene, begrenzt durch Gerade aus Aufg. c).

7. Halboffener Parallelstreifen in der gegebenen Ebene.

8. Für den Richtungsvektor $\vec{u} = \begin{pmatrix}1\\0\\1\end{pmatrix}$ der Geraden gilt: $\vec{u} = \vec{w} - \vec{v}$.

Außerdem gilt für den Ortsvektor $\vec{B} = \begin{pmatrix}4\\1\\3\end{pmatrix}$ des Punktes $B \in g$: $\vec{B} = \vec{A} + \vec{v}$.

Halbebene: $\vec{X} = \vec{A} + \lambda\cdot\vec{v} + \mu\cdot\vec{w} \wedge \lambda + \mu \leq 1$.

9.a) Wir betrachten zunächst die Ebene, die von P und g aufgespannt wird:

$$E: \vec{X} = \begin{pmatrix}2\\0\\1\end{pmatrix} + \lambda\begin{pmatrix}5\\0\\7\end{pmatrix} + \mu\begin{pmatrix}-9\\4\\1\end{pmatrix}$$

Die gesuchte Gerade s liegt in E. Der Schnittpunkt S von E mit h ist ein zweiter Punkt von s: S(0|2|5).

$$s = PS: \vec{X} = \begin{pmatrix}-7\\4\\2\end{pmatrix} + \lambda\begin{pmatrix}7\\-2\\3\end{pmatrix};$$

b) $s \cap h = \{S\}$; $s \cap g = \{T\}$, T(7|0|8).

10.a) S(12|−3|13);

b) $$\vec{X} = \begin{pmatrix}12\\-3\\13\end{pmatrix} + \lambda\begin{pmatrix}5\\-2\\8\end{pmatrix} + \mu\begin{pmatrix}2\\-5\\4\end{pmatrix}.$$

11. $$\vec{X} = \begin{pmatrix}7\\-1\\5\end{pmatrix} + \lambda\begin{pmatrix}3\\5\\0\end{pmatrix} + \mu\begin{pmatrix}1\\1\\5\end{pmatrix}.$$

12. Beweis für: $E = F \Longleftrightarrow E \parallel F \wedge B \in E$

"$\Longrightarrow$": $X \in F$ mit $\vec{X} = \vec{B} + \sigma_0\cdot\vec{u}_1$, $\sigma_0 \neq 0$, d.h. $X \neq B$ (I).

Da $X \in E$, gibt es $\lambda_0, \mu_0 \in \mathbb{R}$ mit $\vec{X} = \vec{A} + \lambda_0\cdot\vec{u} + \mu_0\cdot\vec{v}$ (II).

Da $B \in E$ gibt es $\lambda_1, \mu_1 \in \mathbb{R}$ mit $\vec{B} = \vec{A} + \lambda_1\cdot\vec{u} + \mu_1\cdot\vec{v}$ (III).

(III) in (I): $\vec{X} = \vec{A} + \lambda_1\cdot\vec{u} + \mu_1\cdot\vec{v} + \sigma_0\cdot\vec{u}_1$ (IV).

(IV) und (II): $(\lambda_1 - \lambda_0)\cdot\vec{u} + (\mu_1 - \mu_0)\cdot\vec{v} + \sigma_0\cdot\vec{u}_1 = \vec{o}$, also $\{\vec{u}, \vec{v}, \vec{u}_1\}$ linear abhängig.

Analog folgt: $\{\vec{u}, \vec{v}, \vec{v}_1\}$ linear abhängig.

Insgesamt: $E \parallel F \wedge B \in E$.

"$\Longleftarrow$": $\{\vec{u}, \vec{v}, \vec{u}_1\}$ linear abhängig und $\{\vec{u}, \vec{v}, \vec{v}_1\}$ linear abhängig

$\Longrightarrow$ $\lambda_1\cdot\vec{u} + \lambda_2\cdot\vec{v} + \lambda_3\cdot\vec{u}_1 = \vec{o}$ mit $\lambda_3 \neq 0$, da $\{\vec{u}, \vec{v}\}$ lin. unabh.

und $\mu_1\cdot\vec{u} + \mu_2\cdot\vec{v} + \mu_3\cdot\vec{v}_1 = \vec{o}$ mit $\mu_3 \neq 0$.

Damit: $\vec{u}_1 = -\dfrac{\lambda_1}{\lambda_3}\cdot\vec{u} - \dfrac{\lambda_2}{\lambda_3}\cdot\vec{v}$ und $\vec{v}_1 = -\dfrac{\mu_1}{\mu_3}\cdot\vec{u} - \dfrac{\mu_2}{\mu_3}\cdot\vec{v}$. (*)

$B \in E$: $\vec{B} = \vec{A} + \lambda_3'\cdot\vec{u} + \mu_3'\cdot\vec{v}$

Also: F: $\vec{X} = \vec{B} + \sigma\cdot\vec{u}_1 + \tau\cdot\vec{v}_1 =$

$= \vec{A} + \lambda_3'\cdot\vec{u} + \mu_3'\cdot\vec{v} + \sigma(-\frac{\lambda_1}{\lambda_3}\cdot\vec{u} - \frac{\lambda_2}{\lambda_3}\cdot\vec{v}) + \tau\cdot(-\frac{\mu_1}{\mu_3}\cdot\vec{u} - \frac{\mu_2}{\mu_3}\cdot\vec{v}) =$

$= \vec{A} + (\lambda_3' - \frac{\lambda_1}{\lambda_3}\cdot\sigma - \frac{\mu_1}{\mu_3}\tau)\cdot\vec{u} + (\mu_3' - \frac{\lambda_2}{\lambda_3}\cdot\sigma - \frac{\mu_2}{\mu_3}\cdot\tau)\cdot\vec{v},$

also: F = E, da für bestimmtes λ und μ die Parameter σ und τ eindeutig berechnet werden können:

$$\left.\begin{aligned} \lambda - \lambda_3' &= -\frac{\lambda_1}{\lambda_3}\sigma - \frac{\mu_1}{\mu_3}\tau \\ \mu - \mu_3' &= -\frac{\lambda_2}{\lambda_3}\sigma - \frac{\mu_2}{\mu_3}\tau \end{aligned}\right\} \text{ ist für } \lambda_1\mu_2 \neq \lambda_2\mu_1 \text{ eindeutig lösbar.}$$

(det $\mathfrak{A}$ = 0 ergibt $\lambda_1\mu_2 = \lambda_2\mu_1$ und dies führt wegen (vgl. (*))

$\frac{\lambda_1}{\lambda_2}\cdot\vec{u} + \vec{v} + \frac{\lambda_3}{\lambda_2}\cdot\vec{u}_1 = \vec{o}$ und $\frac{\mu_1}{\mu_2}\cdot\vec{u} + \vec{v} + \frac{\mu_3}{\mu_2}\cdot\vec{v}_1 = \vec{o}$ auf

den Widerspruch: $\{\vec{u}_1, \vec{v}_1\}$ linear abhängig.)

Die anderen Formulierungen ergeben sich jetzt direkt.

13. Die drei Punkte A,B,C liegen auf der Ebene E mit der Parameterdarstellung $\vec{X} = \vec{A} + \lambda\cdot(\vec{B} - \vec{A}) + \mu\cdot(\vec{C} - \vec{A})$.
Ist E' eine Ebene, die ebenfalls A,B,C enthält, so muß der zugehörige Vektorraum $\vec{AB} = \vec{B} - \vec{A}$ und $\vec{AC} = \vec{C} - \vec{A}$ enthalten. Der zu E' gehörige Vektorraum wird also von $\vec{B} - \vec{A}$ und $\vec{C} - \vec{A}$ aufgespannt, d.h. die zu E und E' gehörenden Vektorräume stimmen überein, also E||E'.
Mit VII.2.4, Satz 2 folgt: E = E'.

14. $g \subset E \iff \{\vec{u}, \vec{v}, \vec{w}\}$ linear abhängig $\wedge$ $\{\vec{u}, \vec{v}, \vec{A} - \vec{B}\}$ linear abhängig
$g \subset E \iff \text{Rg}(\vec{u}, \vec{v}, \vec{w}) = \text{Rg}(\vec{u}, \vec{v}, \vec{A} - \vec{B}) = 2$
$g \subset E \iff \det(\vec{u}, \vec{v}, \vec{w}) = \det(\vec{u}, \vec{v}, \vec{A} - \vec{B}) = 0.$

15. $\vec{X} = \begin{pmatrix}-2\\4\\3\end{pmatrix} + \lambda\begin{pmatrix}1\\1\\0\end{pmatrix}$; $x_1 - x_2 + 6 = 0 \wedge x_3 = 3;$
x_3 = konstant $\Rightarrow$ parallel zur x_1x_2-Ebene.

S.155 16. g: $\vec{X} = \vec{A} + \lambda\cdot\vec{u}$, E: $\vec{X} = \vec{B} + \mu\cdot\vec{v} + \nu\cdot\vec{w}$
$g \nparallel E \Rightarrow \{\vec{u}, \vec{v}, \vec{w}\}$ linear unabhängig (Basis des $\mathbb{R}^3$).
1. Möglichkeit:
Mit dem Satz aus VII.2.6.2 folgt die Behauptung.
2. Möglichkeit:
Für die gemeinsamen Punkte von g und E gilt:
$\vec{A} + \lambda_s\cdot\vec{u} = \vec{B} + \mu_s\cdot\vec{v} + \nu_s\cdot\vec{w} \iff \vec{A} - \vec{B} = -\lambda_s\cdot\vec{u} + \mu_s\cdot\vec{v} + \nu_s\cdot\vec{w}$
In dieser Gleichung ist der feste Vektor $\vec{A} - \vec{B}$ bzgl. der Basis $\{\vec{u}, \vec{v}, \vec{w}\}$ dargestellt. Diese Darstellung ist eindeutig, also sind die Zahlen λ_s, μ_s, ν_s eindeutig festgelegt. Durch sie ist daher genau ein (gemeinsamer) Punkt von g und E festgelegt.

17. 1. Möglichkeit:
Z.B.: Gerade durch A(1|2|5) $\in$ g und S $\in$ h mit $\vec{u} = \begin{pmatrix}u_1\\u_2\\0\end{pmatrix}$:

$$\vec{u} = \vec{S} - \vec{A} = \begin{pmatrix}4\\4\\6\end{pmatrix} + \mu_s\begin{pmatrix}0\\1\\1\end{pmatrix} - \begin{pmatrix}1\\2\\5\end{pmatrix}$$

3. Koordinate $\Longrightarrow \mu_s = -1$, also $S(4|3|5)$.

Gleichung der gesuchten Geraden: $\vec{X} = \vec{A} + \lambda\cdot(\vec{S} - \vec{A})$, also

$$\vec{X} = \begin{pmatrix}1\\2\\5\end{pmatrix} + \lambda\begin{pmatrix}3\\1\\0\end{pmatrix}.$$

2. Möglichkeit:

Z.B.: Ebene E: $x_3 = 5$

$g \cap E = \{S_1\}$, $h \cap E = \{S_2\}$: $\vec{X} = \vec{S_1} + \lambda\cdot(\vec{S_2} - \vec{S_1})$.

18. $\det(\vec{b}, \vec{t}, \vec{u}) = 0 \Longrightarrow g \parallel E(OBC)$.

19. $g \cap E = \{S\}$, $S(42|-26|-1)$; $g \cap F = \{T\}$, $T(0|-5|-1)$.

20.a) x_1-Achse: $x_2 = 0 \wedge x_3 = 0 \Longrightarrow S_1(-5|0|0)$;

x_2-Achse: $x_1 = 0 \wedge x_3 = 0 \Longrightarrow S_2(0|-\frac{25}{9}|0)$;

x_3-Achse: $x_1 = 0 \wedge x_2 = 0 \Longrightarrow S_3(0|0|\frac{25}{8})$;

b) Der gesuchte Punkt A ist der Schnittpunkt der Geraden g durch den Punkt $A'(-4|3|0)$ in Richtung der x_3-Achse mit der Ebene.

$$g: \vec{X} = \begin{pmatrix}-4\\3\\0\end{pmatrix} + \lambda\begin{pmatrix}0\\0\\1\end{pmatrix}, \quad A(-4|3|4);$$

c) $P(-\frac{25}{6}|-\frac{25}{6}|-\frac{25}{6})$.

S.156 21. x_1x_2-Ebene: $S(-2|3|0)$;

x_1x_3-Ebene: kein Spurpunkt, da die Gerade parallel zur x_1x_3-Ebene ist.

22. Nach VII.2.4, Satz 2 ist zu zeigen:

$\det(\vec{u}, \vec{v}, \vec{u}_1) = \det(\vec{u}, \vec{v}, \vec{v}_1) = \det(\vec{u}, \vec{v}, \vec{B} - \vec{A}) = 0$, wobei

$$\vec{u} = \begin{pmatrix}u_1\\u_2\\u_3\end{pmatrix}, \quad \vec{v} = \begin{pmatrix}v_1\\v_2\\v_3\end{pmatrix}, \quad \vec{u}_1 = \begin{pmatrix}1\\0\\-\frac{a_1}{a_3}\end{pmatrix}, \quad \vec{v}_1 = \begin{pmatrix}0\\1\\-\frac{a_2}{a_3}\end{pmatrix}$$

$$\vec{A} = \begin{pmatrix}b_1\\b_2\\b_3\end{pmatrix}, \quad \vec{B} = \begin{pmatrix}0\\0\\-\frac{a_0}{a_3}\end{pmatrix}. \qquad \det(\vec{u}, \vec{v}, \vec{u}_1) = \begin{vmatrix} u_1 & v_1 & 1 \\ u_2 & v_2 & 0 \\ u_3 & v_3 & -\dfrac{\begin{vmatrix}u_2 & v_2\\u_3 & v_3\end{vmatrix}}{\begin{vmatrix}u_1 & v_1\\u_2 & v_2\end{vmatrix}} \end{vmatrix} =$$

$$= (-1)^{3+1}\cdot 1\cdot\begin{vmatrix}u_2 & v_2\\u_3 & v_3\end{vmatrix} + (-1)^{3+3}\left(-\frac{\begin{vmatrix}u_2 & v_2\\u_3 & v_3\end{vmatrix}}{\begin{vmatrix}u_1 & v_1\\u_2 & v_2\end{vmatrix}}\right)\cdot\begin{vmatrix}u_1 & v_1\\u_2 & v_2\end{vmatrix} = 0$$

Analog überprüft man die beiden anderen Determinanten.

23.a) $3x_1 + 2x_2 - 12x_3 - 2 = 0$; b) $6x_1 - 9x_2 - 5x_3 + 52 = 0$;

c) $2x_1 + 4x_2 - x_3 + 12 = 0$.

24.a) parallel zur x_1x_3-Ebene; $x_2 = 2$;

b) x_2x_3-Ebene; $x_1 = 0$.

25. Sind die Ebenen

$$a_1x_1 + a_2x_2 + a_3x_3 + a_0 = 0$$
$$b_1x_1 + b_2x_2 + b_3x_3 + b_0 = 0$$

parallel, so sind auch die Schnittgeraden mit der x_1x_2-Ebene ($x_3 = 0$)

$$a_1x_1 + a_2x_2 + a_0 = 0$$
$$b_1x_1 + b_2x_2 + b_0 = 0$$

bzw. mit der x_1x_3-Ebene ($x_2 = 0$)

$$a_1x_1 + a_3x_3 + a_0 = 0$$
$$b_1x_1 + b_3x_3 + b_0 = 0$$

jeweils parallel, d.h. es gilt $a_1:a_2 = b_1:b_2$ und $a_1:a_3 = b_1:b_3$, also zusammengefaßt geschrieben $a_1:a_2:a_3 = b_1:b_2:b_3$. Umgekehrt folgt aus $a_1:a_2:a_3 = b_1:b_2:b_3$, daß zwei Paare paralleler Spurgeraden existieren, die dann parallele Ebenen aufspannen.

26. Es wird nur die Ebene $x_1 = 1$ durchstoßen ($t = 1$). $S(1|0|0)$.

S.157 27. $t = 0$: $P(0|0|0|0)$, d.h. der Punkt P fällt mit dem Ursprung zusammen. Der Punkt P bewegt sich auf der positiven x_4-Achse, es gilt aber immer: $x_1 = x_2 = x_3 = 0$, d.h. der Punkt P liegt niemals in einer der Flächen $x_1 = \pm 1$, $x_2 = \pm 1$, $x_3 = \pm 1$.

28. Eliminieren von λ und μ ergibt die Beziehung $\sigma = 6\tau - 6$, die zwischen den Parametern σ und τ aller Punkte bestehen muß, die auf der Schnittgeraden liegen. Die gesuchte Schnittgerade ist also die Punktmenge

$$\left\{X \mid \vec{X} = \begin{pmatrix} -2 \\ 3 \\ 0 \end{pmatrix} + \sigma \begin{pmatrix} 0 \\ 0 \\ -1 \end{pmatrix} + \tau \begin{pmatrix} 2 \\ -1 \\ 3 \end{pmatrix} \wedge \sigma = 6\tau - 6\right\}$$

Wir eliminieren σ und erhalten als Schnittgerade

$$\vec{X} = \begin{pmatrix} -2 \\ 3 \\ 6 \end{pmatrix} + \tau \begin{pmatrix} 2 \\ -1 \\ -3 \end{pmatrix}.$$

29.a) x_1x_3-Ebene: $x_2 = 0 \Rightarrow \lambda = 1 + 3\mu \Rightarrow \vec{X} = \begin{pmatrix} -2 \\ 0 \\ 2 \end{pmatrix} + \mu \begin{pmatrix} 5 \\ 0 \\ 2 \end{pmatrix}$;

b) $$\left.\begin{aligned} x_1 &= -3 + \lambda + 2\mu \\ x_2 &= 1 - \lambda + 3\mu \\ x_3 &= 2\lambda - 4\mu \end{aligned}\right\} \text{ eingesetzt in G ergibt } \mu = \frac{5\lambda - 11}{3},$$

womit man in E den Parameter μ eliminieren kann und folgende Schnittgerade bekommt:

$$X = \begin{pmatrix} -\frac{31}{3} \\ -10 \\ \frac{44}{3} \end{pmatrix} + \lambda \begin{pmatrix} \frac{13}{3} \\ 4 \\ -\frac{14}{3} \end{pmatrix}.$$

30. $x_3 = 0 \Rightarrow \lambda = -3 - 2\mu$, eingesetzt in E ergibt dies die Gleichung der Spurgeraden

$$\vec{x} = \begin{pmatrix} -8 \\ 5 \\ 0 \end{pmatrix} + \mu \begin{pmatrix} -2 \\ 7 \\ 0 \end{pmatrix}.$$

31. Achsenabschnittsform:

$$\frac{x_1}{2} + \frac{x_2}{1} + \frac{x_3}{3} = 1$$

$x_3 = 0$: Spurgerade in der x_1x_2-Ebene: $\frac{x_1}{2} + \frac{x_2}{1} = 1$

$x_2 = 0$: Spurgerade in der x_1x_3-Ebene: $\frac{x_1}{2} + \frac{x_3}{3} = 1$

$x_1 = 0$: Spurgerade in der x_2x_3-Ebene: $\frac{x_2}{1} + \frac{x_3}{3} = 1$

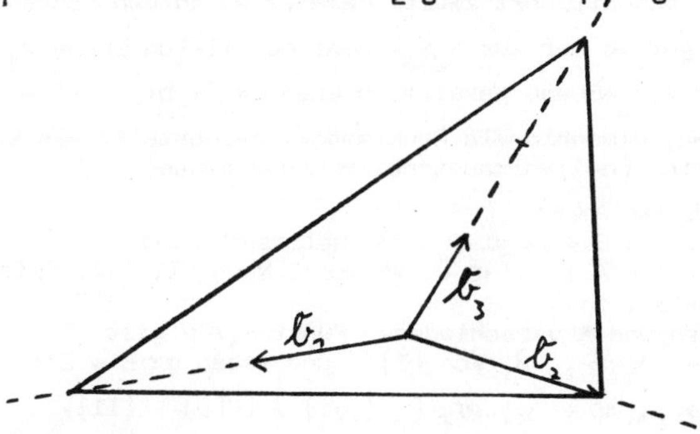

S.158 32. $S(-\frac{3}{7}|-\frac{19}{7}|-\frac{26}{7})$.

33. 1. Deutung: Drei Ebenen;
    2. Deutung: Gerade (dargestellt als Schnitt zweier Ebenen) und Ebene;

    Homogenes System, nur triviale Lösung, da $\det \mathfrak{A} = 21 \neq 0$.
    Dies bedeutet:
    1. Deutung: Alle drei Ebenen gehen durch den Ursprung und haben sonst keinen Punkt gemeinsam.
    2. Deutung: Die Gerade schneidet die Ebene im Ursprung.

34. Deutung (vgl. Aufg. 33).
    $S(3|-1|4)$ ist einziger gemeinsamer Punkt aller drei Ebenen bzw. Schnittpunkt der Geraden mit der Ebene.

35. Mit $x_1 = \lambda$ erhält man die Schnittgerade

$$\vec{x} = \begin{pmatrix} 0 \\ 9 \\ 3 \end{pmatrix} + \lambda \begin{pmatrix} 1 \\ -8 \\ -3 \end{pmatrix};$$

36. Mit $x_2 = \lambda$ erhält man als Gleichung der Schnittgerade von E_4 und E_5

$$\vec{x} = \begin{pmatrix} -\frac{18}{5} \\ 0 \\ -\frac{36}{25} \end{pmatrix} + \lambda \begin{pmatrix} \frac{9}{5} \\ 1 \\ \frac{33}{25} \end{pmatrix} = A + \lambda \cdot \vec{u};$$

$E_1 \cap E_2 \cap E_3 = \{S\}$, $S(\frac{19}{4}|\frac{9}{4}|\frac{10}{4})$

F: $\vec{X} = \vec{A} + \lambda \cdot \mathfrak{u} + \mu \cdot (\vec{S} - \vec{A})$.

37. Das System aus den ersten drei Gleichungen hat genau die eine Lösung $(1|0|1)$, die auch die 4. Gleichung erfüllt.

38. $\mathbb{R}^1$: Punkt a; $\mathbb{R}^2$: Parallele zur x_2-Achse durch $x_1 = a$;

$\mathbb{R}^3$: Parallelebene zur x_2x_3-Ebene durch $x_1 = a$;

$\mathbb{R}^4$: dreidimensionale Hyperebene durch $x_1 = a$, "parallel" zur $x_2x_3x_4$-Hyperebene;

$\mathbb{R}^n$: $(n-1)$-dimensionale Hyperebene durch $x_1 = a$, "parallel" zur $x_2x_3 \ldots x_n$-Hyperebene.

S.159 39. $\mathbb{R}^2$: $P(a|b)$: Schnittpunkt zweier Parallelen zu den Achsen;

$\mathbb{R}^3$: Schnittgerade der zur x_2x_3-Ebene parallelen Ebene $x_1 = a$ mit der zur x_1x_3-Ebene parallelen Ebene $x_2 = b$;

$\mathbb{R}^4(\mathbb{R}^n)$: $(n-2)$-dimensionale Punktmenge, dargestellt als Schnitt zweier $(n-1)$-dimensionaler Hyperebenen.

40. "$\Longrightarrow$": $g \subset E \Longrightarrow A \in E$;

Statt E: $\vec{X} = \vec{B} + \mu \cdot \mathfrak{v} + \nu \cdot \mathfrak{w}$ betrachten wir

E': $\vec{X} = \vec{A} + \mu' \cdot \mathfrak{v} + \nu' \cdot \mathfrak{w}$. Nach VII.2.4, Satz 2 (S. 145)

gilt $E = E'$.

Für einen von A verschiedenen Punkt $X_1 \in g$ gilt

$\vec{X}_1 = \vec{A} + \lambda_1 \cdot \mathfrak{u}$, $\lambda_1 \neq 0$ (I) und wegen $g \subset E = E'$:

$\vec{X}_1 = \vec{A} + \mu_1' \cdot \mathfrak{v} + \nu_1' \cdot \mathfrak{w}$, $(\mu_1'|\nu_1') \neq (0|0)$ (II).

(I) - (II): $\mathfrak{o} = \lambda_1 \cdot \mathfrak{u} - \mu_1' \cdot \mathfrak{v} - \nu_1' \cdot \mathfrak{w}$, $(\lambda_1|\mu_1'|\nu_1') \neq (0|0|0)$,

d.h. $\{\mathfrak{u}, \mathfrak{v}, \mathfrak{w}\}$ linear abhängig.

"$\Longleftarrow$": $\{\mathfrak{u}, \mathfrak{v}, \mathfrak{w}\}$ linear abhängig, $\{\mathfrak{v}, \mathfrak{w}\}$ linear unabhängig $\Longrightarrow$ es gilt $\mathfrak{u} = s \cdot \mathfrak{v} + t \cdot \mathfrak{w}$ mit $(s|t) \neq (0|0)$.

Für jeden Punkt $X \in g$ folgt

$\vec{X} = \vec{A} + \lambda \cdot \mathfrak{u} = \vec{A} + \lambda s \cdot \mathfrak{v} + \lambda t \cdot \mathfrak{w}$, also $X \in E' = E$, d.h. $g \subset E$.

41. $x_1 = \lambda$: nicht möglich, da die entstehenden Gleichungen nicht nach x_2 und x_3 aufgelöst werden können.

(Geometrische Deutung: Schnitt mit Ebene $x_1 = \lambda$ ergibt zwei parallele Schnittgerade)

$$x_2 = \lambda: \quad \vec{X} = \begin{pmatrix} -4 \\ 0 \\ 4 \end{pmatrix} + \lambda \begin{pmatrix} 0 \\ 1 \\ -1 \end{pmatrix};$$

$$x_3 = \lambda: \quad \vec{X} = \begin{pmatrix} -4 \\ 4 \\ 0 \end{pmatrix} + \lambda \begin{pmatrix} 0 \\ -1 \\ 1 \end{pmatrix}.$$

Die beiden Parameterdarstellungen stellen dieselbe Schnittgerade dar.

3 Büschel

S.163 1. $2x_1 - x_2 + x_3 - 4 + \lambda(x_1 - 6x_2 + 3x_3 - 2) = 0$

$(\lambda+2)x_1 - (6\lambda+1)x_2 + (3\lambda+1)x_3 - (2\lambda+4) = 0$

$P(-1|0|2)$: $\lambda = \frac{4}{3}$; E_1: $10x_1 - 27x_2 + 15x_3 - 20 = 0$.

S.164 2.a) $3x_1 + x_2 - 4 + \lambda x_3 = 0$, E: $3x_1 + x_2 - 4 = 0$, F: $x_3 = 0$;

b) $x_1 - 5x_3 + 8 + \lambda(x_2 + 2x_3 - 1) = 0$,

E: $x_1 - 5x_3 + 8 = 0$, F: $x_2 + 2x_3 - 1 = 0$;

3. $2x_1 + x_2 - 5 + \lambda(2x_1 + x_2 + 7) = 0$

$(2\lambda+2)x_1 + (\lambda+1)x_2 + 7\lambda - 5 = 0$

g_1 und g_2 seien zwei beliebige Büschelgeraden:

g_1: $2(\lambda_1+1)x_1 + (\lambda_1+1)x_2 + 7\lambda_1 - 5 = 0$

g_2: $2(\lambda_2+1)x_1 + (\lambda_2+1)x_2 + 7\lambda_2 - 5 = 0$

Wegen $\frac{2(\lambda_1+1)}{2(\lambda_2+1)} = \frac{\lambda_1+1}{\lambda_2+1}$ gilt $g_1 \| g_2$. $P(1|3)$: $\lambda = 0$,

g_P: $2x_1 + x_2 - 5 = 0$.

4.a) g: $x_1 = 4 \Leftrightarrow x_1 - 4 = 0$; h: $x_2 = 2 \Leftrightarrow x_2 - 2 = 0$;

$\Rightarrow x_1 - 4 + \lambda(x_2 - 2) = 0$;

b) g: $x_1 = 3 \Leftrightarrow x_1 - 3 = 0$; h: $x_2 = 0$;

$\Rightarrow x_1 - 3 + \lambda x_2 = 0$.

VIII. Teilverhältnis

4 Anwendungen

S.171 1. Annahme: $\left.\begin{array}{l}\overrightarrow{AT} = \lambda\cdot\overrightarrow{TB}\\ \overrightarrow{AT} = \lambda'\cdot\overrightarrow{TB}\end{array}\right\} \Rightarrow \lambda\cdot\overrightarrow{TB} = \lambda'\cdot\overrightarrow{TB} \Leftrightarrow (\lambda-\lambda')\overrightarrow{TB} = \vec{o}$

$\Rightarrow \lambda = \lambda'$. da $T \neq B$.

2.a) Aus $\lambda = -1$ folgt $\overrightarrow{AT} = -\overrightarrow{TB}$, also $\overrightarrow{AT} + \overrightarrow{TB} = \overrightarrow{AB} = \vec{o}$ im Widerspruch zu $A \neq B$.

b) Aus $T = A$ folgt $\overrightarrow{AT} = \overrightarrow{AA} = \vec{o}$, wegen $\overrightarrow{TB} = \overrightarrow{AB} \neq \vec{o}$ also $\lambda = (AB,A) = 0$.

c)

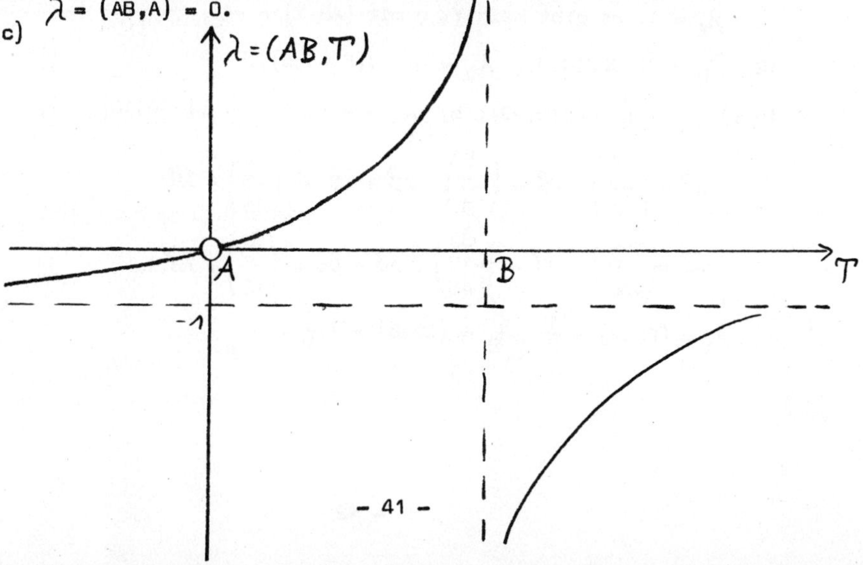

S.172 3.a) $0 < \lambda_P < +\infty$; b) $-1 < \lambda_P < 0$; c) $-\infty < \lambda_P < -1$; d) $0 < \lambda_P < 1$;

4. $(BA,T) = \frac{1}{\lambda}$; $(AT,B) = -(1+\lambda)$; $(BT,A) = -\frac{1+\lambda}{\lambda}$; $(TA,B) = -\frac{1}{1+\lambda}$.

5.

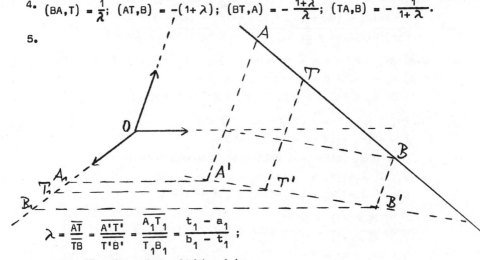

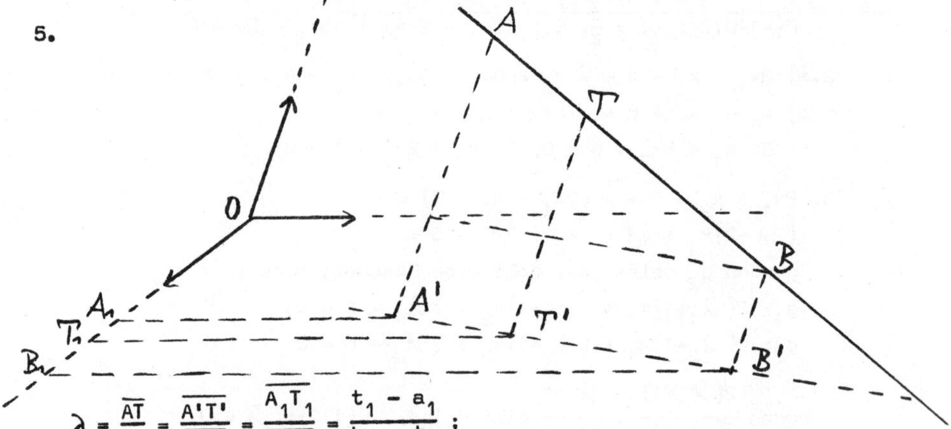

$$\lambda = \frac{\overline{AT}}{\overline{TB}} = \frac{\overline{A'T'}}{\overline{T'B'}} = \frac{\overline{A_1T_1}}{\overline{T_1B_1}} = \frac{t_1 - a_1}{b_1 - t_1};$$

Analog für die anderen beiden Achsen.

6. $\overrightarrow{AP} = \lambda \cdot \overrightarrow{PB} \iff \vec{P} - \vec{A} = \lambda \cdot (\vec{B} - \vec{P})$

$\overrightarrow{A'P'} = \vec{P'} - \vec{A'} = (\vec{P} - \mathfrak{v}) - (\vec{A} - \mathfrak{v}) = \vec{P} - \vec{A} = \overrightarrow{AP}$

$\overrightarrow{P'B'} = \vec{B'} - \vec{P'} = (\vec{B} - \mathfrak{v}) - (\vec{P} - \mathfrak{v}) = \vec{B} - \vec{P} = \overrightarrow{PB}$

Also: $\overrightarrow{A'P'} = \lambda' \cdot \overrightarrow{P'B'} \iff \overrightarrow{AP} = \lambda' \cdot \overrightarrow{PB}$, damit $\lambda \cdot \overrightarrow{PB} = \lambda' \overrightarrow{PB} \iff$

$\iff (\lambda - \lambda')\overrightarrow{PB} = \mathfrak{o} \implies \lambda = \lambda'$.

7. $(AB,C) = 2$; $(BA,C) = \frac{1}{2}$; $(AC,B) = -3$; $(BC,A) = -\frac{3}{2}$; $(CA,B) = -\frac{1}{3}$;

8. $P(0|\frac{1}{2}|\frac{3}{2})$; $Q(-6|2|0)$; $R(-4|\frac{3}{2}|\frac{1}{2})$.

9. $\lambda_{C,1} = \frac{2-1}{4-2} = \frac{1}{2}$; $\lambda_{C,2} = \frac{1-2}{-4-1} = \frac{1}{5}$; $\lambda_{C,3} = \frac{-2-1}{-8+2} = \frac{1}{2}$;

$\lambda_{C,1} \neq \lambda_{C,2} \implies C \notin AB$.

10. $(AB,P) = \frac{7}{3}$; $p_2 = 3$; $p_3 = -3$.

11. $\lambda_P = \frac{1}{2} \implies \lambda_Q = -\frac{1}{2}$: $Q(-2|8|10)$;

$\lambda_X = 1$: es gibt kein $Y \in g$ mit $(AB,Y) = -1$.

12. $\lambda_U = 2$: $U(2|0,5)$; $\lambda_V = -2$: $V(6|-1,5)$.

13.a) $\lambda_C = \frac{2}{3}$: $C(8|6|-3)$; b) $\lambda_D = -\lambda_C = -\frac{2}{3}$: $D(-16|18|-39)$;

c)

$$\overrightarrow{AC} = \begin{pmatrix} 4 \\ -2 \\ 6 \end{pmatrix}; \quad \overrightarrow{CB} = \begin{pmatrix} 6 \\ -3 \\ 9 \end{pmatrix}; \quad \overrightarrow{AC} + \overrightarrow{CB} = \begin{pmatrix} 10 \\ -5 \\ 15 \end{pmatrix} = \overrightarrow{AB};$$

$$\overrightarrow{AD} = \begin{pmatrix} -20 \\ 10 \\ -30 \end{pmatrix}; \quad \overrightarrow{DB} = \begin{pmatrix} 30 \\ -15 \\ 45 \end{pmatrix}; \quad \overrightarrow{AD} + \overrightarrow{DB} = \begin{pmatrix} 10 \\ -5 \\ 15 \end{pmatrix} = \overrightarrow{AB};$$

d)

$\lambda_A = (CD,A) = \frac{1}{5}$; $\lambda_B = (CD,B) = -\frac{1}{5}$.

S.173 14.a) Wegen $\lambda_C = -\lambda_D$ folgt: $(AB,CD) = -1$;

b) $\lambda_C = \frac{3}{2}$, $\lambda_D = -\frac{3}{2}$, also $\lambda_C = -\lambda_D \Longrightarrow$ A,B,C,D ist ein harmonisches Quadrupel.

15.a) M(2|6|1); b) M(−3|−1).

16.a) S(3|−1|4); b) S(1|1).

17.a) $S(\frac{3}{4}|\frac{9}{4}|-\frac{3}{4})$; b) $S(-\frac{3}{2}|0|3)$.

18. Lösen des Gleichungssystems

$$\begin{aligned} \mathfrak{a} + \mathfrak{b} + \mathfrak{c} \phantom{{}+\mathfrak{d}} &= 3\cdot\vec{s}_{ABC} \\ \mathfrak{b} + \mathfrak{c} + \mathfrak{d} &= 3\cdot\vec{s}_{BCD} \\ \mathfrak{a} \phantom{{}+\mathfrak{b}} + \mathfrak{c} + \mathfrak{d} &= 3\cdot\vec{s}_{CDA} \\ \mathfrak{a} + \mathfrak{b} \phantom{{}+\mathfrak{c}} + \mathfrak{d} &= 3\cdot\vec{s}_{DAB} \end{aligned}$$

ergibt A(0|0|0), B(4|0|0), C(−1|3|0), D(0|0|6).

19.

$$s_1\colon \vec{X} = \vec{A} + \lambda(\vec{M}_{BC} - \vec{A}) = \begin{pmatrix} 2 \\ 0 \\ 3 \end{pmatrix} + \begin{pmatrix} -\frac{9}{2} \\ 3 \\ -\frac{9}{2} \end{pmatrix};$$

$$s_2\colon \vec{X} = \vec{B} + \lambda(\vec{M}_{AC} - \vec{B}) = \begin{pmatrix} 1 \\ 5 \\ -3 \end{pmatrix} + \begin{pmatrix} -3 \\ -\frac{9}{2} \\ \frac{9}{2} \end{pmatrix};$$

$$s_3\colon \vec{X} = \vec{C} + \lambda(\vec{M}_{AB} - \vec{C}) = \begin{pmatrix} -6 \\ 1 \\ 0 \end{pmatrix} + \begin{pmatrix} \frac{15}{2} \\ \frac{3}{2} \\ 0 \end{pmatrix};$$

$s_1 \cap s_2 = \{S_1\}$: $S_1(-1|2|0)$; $s_1 \cap s_3 = \{S_2\}$: $S_2(-1|2|0)$;
Also $S_2 = S_1$, d.h. $s_1 \cap s_2 \cap s_3 = \{S_1\}$.

IX. Das Skalarprodukt zweier Vektoren

2 Festlegung des definierenden Axiomensystems

S.184 1. 1. Möglichkeit:

$$\left.\begin{array}{l}\mathfrak{x}\circ(\mathfrak{u}+\mathfrak{o}) \underset{(S2)}{=} \mathfrak{x}\circ\mathfrak{u}+\mathfrak{x}\circ\mathfrak{o}\ ; \\ \text{andererseits gilt in } \mathbb{V}\text{: } \mathfrak{x}\circ(\mathfrak{u}+\mathfrak{o}) = \mathfrak{x}\circ\mathfrak{u}\end{array}\right\} \Longrightarrow \mathfrak{x}\circ\mathfrak{u}+\mathfrak{x}\circ\mathfrak{o} = \mathfrak{x}\circ\mathfrak{u},$$

also $\mathfrak{x}\circ\mathfrak{o} = 0$

und mit S1: $\mathfrak{o}\circ\mathfrak{x} = 0$.

Hierbei wurde benutzt, daß $\mathbb{R}(+)$ eine Gruppe ist.

2. Möglichkeit:

$$\mathfrak{o}\circ\mathfrak{x} \underset{\substack{\mathbb{V}\text{ Vektorraum,}\\ \mathfrak{y}\text{ bel.} \in \mathbb{V},\\ \text{S-Multiplik.}}}{=} (0\cdot\mathfrak{y})\circ\mathfrak{x} \underset{(S3)}{=} 0(\mathfrak{y}\circ\mathfrak{x}) = 0.$$

2. $\mathfrak{u}\circ\mathfrak{x} = 0$ für alle $\mathfrak{x}\in\mathbb{V} \Longrightarrow \mathfrak{u}\circ\mathfrak{u} = \mathfrak{u}^2 \underset{S4}{=} 0 \Longrightarrow \mathfrak{u} = \mathfrak{o}$.

3.a) $(r\cdot\mathfrak{u})\circ(s\cdot\mathfrak{b}) \underset{S3}{=} r[\mathfrak{u}\circ(s\cdot\mathfrak{b})] \underset{S1}{=} r[(s\cdot\mathfrak{b})\circ\mathfrak{u}] \underset{S3}{=} r[s(\mathfrak{b}\circ\mathfrak{u})] \underset{S1}{=}$

$= r[s(\mathfrak{u}\circ\mathfrak{b})] = rs(\mathfrak{u}\circ\mathfrak{b})$;

b) Die Behauptung ergibt sich durch wiederholte Anwendung von S2 bzw. S2 und Aufgabe a).

c) Beweis durch vollständige Induktion:

α) n = 1, m ∈ ℕ:

$$A(m):\ \Big(\sum_{i=1}^{m} a_i\cdot\mathfrak{u}_i\Big)\circ(b_1\cdot\mathfrak{b}_1) = \sum_{i=1}^{m} a_i b_1(\mathfrak{u}_i\circ\mathfrak{b}_1)$$

$$A(1):\ (a_1\cdot\mathfrak{u}_1)\circ(b_1\cdot\mathfrak{b}_1) \underset{\text{Aufg.a)}}{=} a_1 b_1(\mathfrak{u}_1\circ\mathfrak{b}_1)$$

Wir zeigen: $A(m) \Longrightarrow A(m+1)$:

$$\Big(\sum_{i=1}^{m+1} a_i\cdot\mathfrak{u}_i\Big)\circ(b_1\cdot\mathfrak{b}_1) = \Big(\sum_{i=1}^{m} a_i\cdot\mathfrak{u}_i + a_{m+1}\cdot\mathfrak{u}_{m+1}\Big)\circ(b_1\cdot\mathfrak{b}_1) \underset{S2'}{=}$$

$$= \Big(\sum_{i=1}^{m} a_i\cdot\mathfrak{u}_i\Big)\circ(b_1\cdot\mathfrak{b}_1) + (a_{m+1}\cdot\mathfrak{u}_{m+1})\circ(b_1\cdot\mathfrak{b}_1) \underset{A(m),\ \text{Aufg.a)}}{=}$$

$$= \sum_{i=1}^{m} a_i b_1(\mathfrak{u}_i\circ\mathfrak{b}_1) + a_{m+1}b_1(\mathfrak{u}_{m+1}\circ\mathfrak{b}_1) = \sum_{i=1}^{m+1} a_i b_1(\mathfrak{u}_i\circ\mathfrak{b}_1),$$

also gilt: $A(m) \Longrightarrow A(m+1)$.

Da auch $A(1)$ gilt, ist damit $A(m)$ bewiesen.

β) m, n ∈ ℕ, m fest:

$$A(n):\ \Big(\sum_{i=1}^{m} a_i\cdot\mathfrak{u}_i\Big)\circ\Big(\sum_{j=1}^{n} b_j\cdot\mathfrak{b}_j\Big) = \sum_{i=1}^{m}\sum_{j=1}^{n} a_i b_j(\mathfrak{u}_i\circ\mathfrak{b}_j)$$

$A(1)$ wurde in α) gezeigt.

Wir zeigen: $A(n) \Rightarrow A(n+1)$:

$$\left(\sum_{i=1}^{m} a_i \cdot \mathfrak{v}_i\right) \circ \left(\sum_{j=1}^{n+1} b_j \cdot \mathfrak{b}_j\right) = \left(\sum_{i=1}^{m} a_i \cdot \mathfrak{v}_i\right) \circ \left(\sum_{j=1}^{n} b_j \cdot \mathfrak{b}_j + b_{n+1} \cdot \mathfrak{b}_{n+1}\right) \underset{S2}{=}$$

$$= \left(\sum_{i=1}^{m} a_i \cdot \mathfrak{v}_i\right) \circ \left(\sum_{j=1}^{n} b_j \cdot \mathfrak{b}_j\right) + \left(\sum_{i=1}^{m} a_i \cdot \mathfrak{v}_i\right) \circ (b_{n+1} \cdot \mathfrak{b}_{n+1}) \underset{A(n),\ \alpha)}{=}$$

$$= \sum_{i=1}^{m} \sum_{j=1}^{n} a_i b_j (\mathfrak{v}_i \circ \mathfrak{b}_j) + \sum_{i=1}^{m} a_i b_{n+1} (\mathfrak{v}_i \circ \mathfrak{b}_{n+1}) =$$

$$= \sum_{i=1}^{m} \sum_{j=1}^{n+1} a_i b_j (\mathfrak{v}_i \circ \mathfrak{b}_j),$$

also gilt: $A(n) \Rightarrow A(n+1)$.

Da auch $A(1)$ gilt, ist damit $A(n)$ bewiesen.

d) $(\mathfrak{v}+\mathfrak{b}) \circ (\mathfrak{t}+\mathfrak{d}) = \mathfrak{v} \circ \mathfrak{t} + \mathfrak{v} \circ \mathfrak{d} + \mathfrak{b} \circ \mathfrak{t} + \mathfrak{b} \circ \mathfrak{d}$;

$(\mathfrak{v}+\mathfrak{b})^2 = \mathfrak{v}^2 + 2\mathfrak{v} \circ \mathfrak{b} + \mathfrak{b}^2$;

$(\mathfrak{v}+\mathfrak{b}) \circ (\mathfrak{v}-\mathfrak{b}) = (\mathfrak{v}+\mathfrak{b}) \circ [\mathfrak{v} + (-\mathfrak{b})] = \mathfrak{v}^2 + \mathfrak{v} \circ (-\mathfrak{b}) + \mathfrak{b} \circ \mathfrak{v} +$
$+ \mathfrak{b} \circ (-\mathfrak{b}) = \mathfrak{v}^2 - \mathfrak{v} \circ \mathfrak{b} + \mathfrak{v} \circ \mathfrak{b} - \mathfrak{b}^2 = \mathfrak{v}^2 - \mathfrak{b}^2$;

$(3 \cdot \mathfrak{v}_1 + 2 \cdot \mathfrak{v}_2 + \mathfrak{v}_3) \circ (5 \cdot \mathfrak{b}_1 + \mathfrak{b}_2) = 15(\mathfrak{v}_1 \circ \mathfrak{b}_1) + 3(\mathfrak{v}_1 \circ \mathfrak{b}_2) +$
$+ 10(\mathfrak{v}_2 \circ \mathfrak{b}_1) + 2(\mathfrak{v}_2 \circ \mathfrak{b}_2) + 5(\mathfrak{v}_3 \circ \mathfrak{b}_1) + \mathfrak{v}_3 \circ \mathfrak{b}_2$.

4. a) sinnlos: $\mathfrak{v} \circ \mathfrak{b} \in \mathbb{R}$, $\mathfrak{t}, \mathfrak{d} \in \mathbb{V}$; b) sinnlos: $\mathfrak{v} \circ (\mathfrak{b} \circ \mathfrak{t})$ nicht definiert;
c) sinnlos: l.S.: reelle Zahl, r.S.: Null<u>vektor</u>; d) sinnvoll;
e) sinnvoll; f) sinnlos: Quotient nicht definiert.

5. a) falsch: Division durch Vektor nicht definiert;
b) richtig für $\mathfrak{v} \circ \mathfrak{b} \neq 0$.

6. Für $\mathbb{V} \neq \mathbb{R}$ gilt: Da $\mathfrak{v} \circ \mathfrak{b} = c$, $c \in \mathbb{R}$ und $c \notin \mathbb{V}$, ist bereits die Abgeschlossenheitsforderung (1) für Gruppen (vgl. I.S.18) nicht erfüllt $\Rightarrow \mathbb{V}(\circ)$ ist keine Gruppe für $\mathbb{V} \neq \mathbb{R}$.
Für $\mathbb{V} = \mathbb{R}$ stimmt das (Standard-)Skalarprodukt mit der gewöhnlichen Multiplikation überein. Nur $\mathbb{R} \setminus \{0\}(\cdot)$ ist eine Gruppe.

7. Wir zeigen zunächst die Existenz von Nullteilern:

$$\mathfrak{v} = \begin{pmatrix} a_1 \\ a_2 \end{pmatrix},\ \mathfrak{v} \neq \mathfrak{o} \Rightarrow \mathfrak{v} \circ \mathfrak{z} = 0 \text{ für z.B. } \mathfrak{z} = \begin{pmatrix} -a_2 \\ a_1 \end{pmatrix},\ \mathfrak{z} \neq \mathfrak{o}\ ;$$

$$\mathfrak{v} = \begin{pmatrix} a_1 \\ a_2 \\ a_3 \end{pmatrix},\ \mathfrak{v} \neq \mathfrak{o} \Rightarrow \mathfrak{v} \circ \mathfrak{z} = 0 \text{ für z.B. } \mathfrak{z} = \begin{pmatrix} -a_2 \\ a_1 \\ 0 \end{pmatrix},\ \mathfrak{z} \neq \mathfrak{o}\ .$$

Bemerkung: Für $\mathbb{V} = \mathbb{R}$ gibt es keine Nullteiler.

In der Zahlenalgebra ergibt sich für die Multiplikation aus der

Gleichung

$$x \cdot a = b,\ a \neq 0,$$

in eindeutiger Weise $x = \frac{b}{a}$, d.h. die Gleichung ist <u>eindeutig</u> nach x auflösbar, die Lösung wird als Quotient $\frac{b}{a}$ erklärt.

Wir fragen uns nun, ob beim Skalarprodukt die Gleichung

$$\mathfrak{x} \circ \mathfrak{a} = b,\ \mathfrak{a} \neq \mathfrak{o}\ ,\ (b \text{ Skalar})$$

<u>eindeutig</u> nach $\mathfrak{x}$ aufgelöst werden kann. Gibt es genau eine Lösung, so stellt sie den gesuchten "Quotienten $\mathfrak{x} = \frac{b}{\mathfrak{a}}$" dar.

Nehmen wir an, $\mathfrak{x}_1$ sei ein Vektor, der die Gleichung

$$\mathfrak{x} \circ \mathfrak{a} = b$$

erfüllt, also gilt

$$\mathfrak{x}_1 \circ \mathfrak{a} = b.$$

Nun gibt es aber (für $\mathbb{V} \neq \mathbb{R}$) Nullteiler $\mathfrak{z} \neq \mathfrak{o}$ mit $\mathfrak{z} \circ \mathfrak{a} = 0$, also gilt auch

$$(\mathfrak{x}_1 + \mathfrak{z}) \circ \mathfrak{a} = b \text{ und } (\mathfrak{x}_1 + \lambda \cdot \mathfrak{z}) \circ \mathfrak{a} = b,\ \lambda \in \mathbb{R}.$$

Es gibt also unendlich viele Vektoren $\mathfrak{x}_1, \mathfrak{x}_2, \mathfrak{x}_3, \ldots$, die die Gleichung $\mathfrak{x} \circ \mathfrak{a} = b$ erfüllen.

Der "Quotient $\mathfrak{x} = \frac{b}{\mathfrak{a}}$ " ist also unendlich vieldeutig, eine Division einer reellen Zahl b durch einen Vektor $\mathfrak{a}$ kann deswegen nicht definiert werden.

Im Unterschied zur Zahlenalgebra erkennen wir:

Man kann durch Vektoren nicht dividieren, d.h. die dem Skalarprodukt zugrundeliegende Multiplikation läßt sich nicht umkehren.

3 Realisierungen des Axiomensystems

S.185 8. S1: $\mathfrak{a} \circ \mathfrak{b} = 2a_1b_1 - 2a_1b_2 - 2a_2b_1 + 3a_2b_2 =$
$= 2b_1a_1 - 2b_1a_2 - 2b_2a_1 + 3b_2a_2 = \mathfrak{b} \circ \mathfrak{a}$

S2: $\mathfrak{a} \circ (\mathfrak{b} + \mathfrak{c}) = 2a_1(b_1+c_1) - 2a_1(b_2+c_2) - 2a_2(b_1+c_1) + 3a_2(b_2+c_2) =$
$= (2a_1b_1 - 2a_1b_2 - 2a_2b_1 + 3a_2b_2) +$
$+ (2a_1c_1 - 2a_1c_2 - 2a_2c_1 + 3a_2c_2) = \mathfrak{a} \circ \mathfrak{b} + \mathfrak{a} \circ \mathfrak{c}$

S3: $(r \cdot \mathfrak{a}) \circ \mathfrak{b} = 2ra_1b_1 - 2ra_1b_2 - 2ra_2b_1 + 3ra_2b_2 =$
$= r(2a_1b_1 - 2a_1b_2 - 2a_2b_1 + 3a_2b_2) = r(\mathfrak{a} \circ \mathfrak{b}).$

9.a) Nein: nicht positiv definit (S4)

$a_1^2 - 6a_1a_2 - a_2^2 = (a_1 - 3a_2)^2 - 10a_2^2 < 0$ z.B. für $\mathfrak{a} = \begin{pmatrix} 0 \\ 1 \end{pmatrix} \neq \mathfrak{o}$.

b) Ja: S1, S2, S3 wie in Aufg. 8

S4: $3a_1^2 - 8a_1a_2 + 8a_2^2 - 2a_1a_3 + 4a_3^2 = 2(a_1-2a_2)^2 + (a_1-a_3)^2 + 3a_3^2 > 0$

für $\mathfrak{a} \neq \mathfrak{o}$.

c) Nein: S2 und S3 sind nicht erfüllt.

10. Wegen S4 ist nur n = 2 möglich.

Strukturkonstanten: $\mathfrak{b}_1^2 = 2,\ \mathfrak{b}_2^2 = 5,\ \mathfrak{b}_1 \circ \mathfrak{b}_2 = \mathfrak{b}_2 \circ \mathfrak{b}_1 = \sqrt{5}$;

Quadratische Form: $2x_1^2 + 2\sqrt{5}x_1x_2 + 5x_2^2 = 2(x_1 + \frac{\sqrt{5}}{2}x_2)^2 + \frac{5}{2}x_2^2 > 0$

für $\mathfrak{x} \neq \mathfrak{o}$.

11 .a) Strukturkonstanten: $\mathfrak{b}_1^2 = 2,\ \mathfrak{b}_2^2 = 5,\ \mathfrak{b}_1 \circ \mathfrak{b}_2 = \mathfrak{b}_2 \circ \mathfrak{b}_1 = -3$;

Quadratische Form: $2x_1^2 - 6x_1x_2 + 5x_2^2 = 2(x_1 - \frac{3}{2}x_2)^2 + \frac{1}{2}x_2^2 > 0$

für $\mathfrak{x} \neq \mathfrak{o}$, also Skalarprodukt;

b) Strukturkonstanten: $\mathfrak{b}_1^2 = 4,\ \mathfrak{b}_2^2 = 3,\ \mathfrak{b}_1 \circ \mathfrak{b}_2 = 5,\ \mathfrak{b}_2 \circ \mathfrak{b}_1 = -5$,

also $\mathfrak{b}_1 \circ \mathfrak{b}_2 \neq \mathfrak{b}_2 \circ \mathfrak{b}_1 \Rightarrow$ kein Skalarprodukt;

c) Strukturkonstanten: $\mathfrak{b}_1^2 = 9,\ \mathfrak{b}_2^2 = -3 < 0$ im Widerspruch zu S4,

also kein Skalarprodukt.

12 . Wir untersuchen die sich aus der Koordinatendarstellung

$\mathfrak{x} \circ \mathfrak{y} = x_1y_1 + x_2y_2 + x_3y_3 + 2(x_1y_2 + x_2y_1)$

ergebende quadratische Form:

$$\mathfrak{x}^2 = x_1^2 + x_2^2 + x_3^2 + 4x_1x_2 = (x_1 + 2x_2)^2 + x_2^2 - (2x_2)^2 + x_3^2 =$$
$$= (x_1 + 2x_2)^2 - 3x_2^2 + x_3^2$$

Für z.B. $\mathfrak{x} = \begin{pmatrix} x_1 \\ x_2 \\ x_3 \end{pmatrix} = \begin{pmatrix} -4 \\ 2 \\ 0 \end{pmatrix} \neq \mathfrak{o}$ gilt $\mathfrak{x}^2 = -12 < 0$, also Widerspruch

zu S4 $\Rightarrow$ kein Skalarprodukt.

13 . Widerspruch zu S4: Offensichtlich ist $\mathfrak{b}_1^2 = -1 < 0,\ \mathfrak{b}_3^2 = -1 < 0, \ldots,$

$\mathfrak{b}_{2k+1}^2 = -1 < 0$, $\Rightarrow$ kein Skalarprodukt.

Andere Möglichkeit:

Mit z.B. $x_{2k} = 0,\ x_{2k+1} \neq 0$ folgt aus der Koordinatendarstellung

$\mathfrak{x}^2 = -x_1^2 + x_2^2 - x_3^2 + \ldots + (-1)^n x_n^2$

$\mathfrak{x}^2 < 0$ für $\mathfrak{x} \neq \mathfrak{o}$, also auch ein Widerspruch zu S4.

14 . Koordinatendarstellung: $\mathfrak{x} \circ \mathfrak{y} = x_1y_1 + x_2y_2\ (+\ x_3y_3)$

$$\mathfrak{x}^2 = x_1^2 + x_2^2\ (+\ x_3^2)$$

a) $\mathfrak{a}\circ\mathfrak{b} = 3$; b) $\mathfrak{a}\circ\mathfrak{b} = 9$; c) $\mathfrak{a}\circ\mathfrak{b} = 1$; d) $\mathfrak{a}\circ\mathfrak{b} = 0$;

S.186 e) $\mathfrak{a}\circ\mathfrak{b} = 0$; f) $\mathfrak{a}\circ\mathfrak{b} = 11$; g) $\mathfrak{a}\circ\mathfrak{b} = -\sqrt{2}\sqrt{3}$.

15. a) $\mathfrak{x}\circ\mathfrak{y} = x_1y_1 + 2x_2y_2 + 3x_3y_3 + x_1y_2 + x_2y_1$;

b) $\mathfrak{x}^2 = x_1^2 + 2x_2^2 + 3x_3^2 + 2x_1x_2 = (x_1 + x_2)^2 + x_2^2 + 3x_3^2 > 0$ für $\mathfrak{x} \neq \mathfrak{o}$;

c) $\mathfrak{a}\circ\mathfrak{b} = 4\cdot 1 + 2\cdot(-3)\cdot 2 + 3\cdot 2\cdot(-5) + 4\cdot 2 + (-3)\cdot 1 = -33$.

16. Standard-Skalarprodukt:

$$\begin{aligned} 2x_1 - x_2 + 4x_3 &= 0 \quad \text{I} \\ x_1 \phantom{{}- x_2} - 3x_3 &= 0 \quad \text{II} \end{aligned}$$

Aus II: $x_1 = 3x_3$ II'

Aus I u. II': $x_2 = 10x_3$

$\Rightarrow$ Alle Vektoren $\mathfrak{x} = x_3\begin{pmatrix}3\\10\\1\end{pmatrix}$, x_3 beliebig aus $\mathbb{R}$, sind Lösung.

Skalarprodukt aus Aufgabe 15

$$\begin{aligned} x_1 \phantom{{}+ x_2} + 12x_3 &= 0 \quad \text{I} \\ x_1 + x_2 - 9x_3 &= 0 \quad \text{II} \end{aligned}$$

Aus I: $x_1 = -12x_3$ I'

Aus II u. I': $x_2 = 21x_3$

$\Rightarrow$ Alle Vektoren $\mathfrak{x} = x_3\begin{pmatrix}-12\\21\\1\end{pmatrix}$, x_3 beliebig aus $\mathbb{R}$, sind Lösung.

17. Standard-Skalarprodukt:

$$\begin{aligned} 2x_1 - 3x_2 + x_3 &= 0 \quad \text{I} \\ x_1 \phantom{{}- 3x_2} - 5x_3 &= 0 \quad \text{II} \\ 6x_1 - 2x_2 + x_3 &= 0 \quad \text{III} \end{aligned}$$

Wegen $\begin{vmatrix}2 & -3 & 1\\1 & 0 & -5\\6 & -2 & 1\end{vmatrix} = 71 \neq 0$ folgt $x_1 = x_2 = x_3 = 0$, also $\mathfrak{x} = \mathfrak{o}$;

Skalarprodukt aus Aufgabe 15

$$\begin{aligned} -x_1 - 4x_2 + 3x_3 &= 0 \quad \text{I} \\ x_1 + x_2 - 15x_3 &= 0 \quad \text{II} \\ 4x_1 + 2x_2 + 3x_3 &= 0 \quad \text{III} \end{aligned}$$

Wegen $\begin{vmatrix}-1 & -4 & 3\\1 & 1 & -15\\4 & 2 & 3\end{vmatrix} = 213 \neq 0$ folgt $x_1 = x_2 = x_3 = 0$, also $\mathfrak{x} = \mathfrak{o}$.

18 .a) $$\begin{array}{rl} \mathfrak{x}^2 + \mathfrak{a}\circ\mathfrak{x} &= \mathfrak{x}^2 + \mathfrak{b}\circ\mathfrak{x} \\ \mathfrak{x}\circ\mathfrak{c} &= 0 \\ \hline (\mathfrak{a}-\mathfrak{b})\circ\mathfrak{x} &= 0 \\ \mathfrak{c}\circ\mathfrak{x} &= 0 \\ \hline \end{array}$$

$$\begin{array}{rcrcrl} (a_1-b_1)x_1 &+& (a_2-b_2)x_2 &+& (a_3-b_3)x_3 &= 0 \\ c_1x_1 &+& c_2x_2 &+& c_3x_3 &= 0 \\ 0\cdot x_1 &+& 0\cdot x_2 &+& 0\cdot x_3 &= 0 \end{array}$$

Mit der Zsmfg. aus V (S.98) folgt: Es sind ∞^1, ∞^2 oder ∞^3 Lösungen möglich.

∞^1 Lösungen:

Z.B. sei $\left\{\begin{pmatrix} a_1-b_1 \\ c_1 \\ 0 \end{pmatrix}, \begin{pmatrix} a_2-b_2 \\ c_2 \\ 0 \end{pmatrix}\right\}$ linear unabhängig $\Leftrightarrow$

$\left\{\begin{pmatrix} a_1-b_1 \\ c_1 \end{pmatrix}, \begin{pmatrix} a_2-b_2 \\ c_2 \end{pmatrix}\right\}$ linear unabhängig $\Leftrightarrow$ $D := \begin{vmatrix} a_1-b_1 & a_2-b_2 \\ c_1 & c_2 \end{vmatrix} \neq 0.$

Dann ist wegen

$$\begin{array}{rcrl} (a_1-b_1)x_1 &+& (a_2-b_2)x_2 &= (b_3-a_3)x_3 \\ c_1x_1 &+& c_2x_2 &= -c_3x_3 \end{array}$$

$$x_1 = \frac{\begin{vmatrix} (b_3-a_3)x_3 & a_2-b_2 \\ -c_3x_3 & c_2 \end{vmatrix}}{D}, \quad x_2 = \frac{\begin{vmatrix} a_1-b_1 & (b_3-a_3)x_3 \\ c_1 & -c_3x_3 \end{vmatrix}}{D}, \quad x_3 \text{ beliebig aus } \mathbb{R},$$

$$\text{also } \mathfrak{x} = \frac{x_3}{D}\begin{pmatrix} c_2(b_3-a_3) + c_3(a_2-b_2) \\ -c_3(a_1-b_1) - c_1(b_3-a_3) \\ D \end{pmatrix}, \quad x_3 \in \mathbb{R}.$$

∞^2 Lösungen:

Z.B. sei $\begin{pmatrix} a_1-b_1 \\ c_1 \\ 0 \end{pmatrix} \neq \mathfrak{o}$ und $\begin{pmatrix} a_2-b_2 \\ c_2 \\ 0 \end{pmatrix} = \lambda\begin{pmatrix} a_1-b_1 \\ c_1 \\ 0 \end{pmatrix}, \begin{pmatrix} a_3-b_3 \\ c_3 \\ 0 \end{pmatrix} = \mu\begin{pmatrix} a_1-b_1 \\ c_1 \\ 0 \end{pmatrix}.$

Dann ist für z.B. $c_1 \neq 0$: $x_1 = -\lambda x_2 - \mu x_3$ und folgende Vektoren sind Lösungen: $\mathfrak{x} = \begin{pmatrix} -\lambda x_2 - \mu x_3 \\ x_2 \\ x_3 \end{pmatrix}$, x_2, x_3 beliebig aus $\mathbb{R}$.

∞^3 Lösungen:

$\mathfrak{a} = \mathfrak{b} \wedge \mathfrak{c} = \mathfrak{o}$: Alle $\mathfrak{x} \in \mathbb{R}^3$ sind Lösungen.

b) $$\begin{array}{rl} 2x_1 - x_2 &= 0 \\ x_1 + x_2 - x_3 &= 0 \end{array}$$ $\left\{\begin{pmatrix} 2 \\ 1 \end{pmatrix}, \begin{pmatrix} -1 \\ 1 \end{pmatrix}\right\}$ linear unabhängig $\Rightarrow$ ∞^1 Lösungen:

$$\begin{array}{rl} 2x_1 - x_2 &= 0 \\ x_1 + x_2 &= x_3 \\ \hline \end{array}$$

$x_1 = \frac{1}{3}x_3$, $x_2 = \frac{2}{3}x_3$, x_3 beliebig aus $\mathbb{R}$,

also $\mathfrak{x} = \frac{x_3}{3}\begin{pmatrix} 1 \\ 2 \\ 3 \end{pmatrix}$, $x_3 \in \mathbb{R}$.

4 Einführung einer Metrik

Betrag eines Vektors

S.205 1.a) $|\mathfrak{a}| = 1,\ |\mathfrak{b}| = \sqrt{3},\ |\mathfrak{c}| = 13,\ \mathfrak{a}^0 = \mathfrak{a},\ \mathfrak{b}^0 = \frac{1}{3}\sqrt{3}\begin{pmatrix}-1\\1\\-1\end{pmatrix},\ \mathfrak{c}^0 = \frac{1}{13}\begin{pmatrix}-12\\3\\-4\end{pmatrix}.$

b) $|\mathfrak{a}| = \sqrt{2},\ |\mathfrak{b}| = 2,\ |\mathfrak{c}| = \sqrt{138},\ \mathfrak{a}^0 = \frac{1}{2}\sqrt{2}\begin{pmatrix}0\\1\\0\end{pmatrix},\ \mathfrak{b}^0 = \frac{1}{2}\begin{pmatrix}-1\\1\\-1\end{pmatrix},$

$$\mathfrak{c}^0 = \frac{1}{138}\sqrt{138}\begin{pmatrix}-12\\3\\-4\end{pmatrix}.$$

2. $|\mathfrak{a}| = \sqrt{\mathfrak{a}^2} = \sqrt{1^2 + (-2)^2 + 5^2 + (-3)^2 + 1^2 + 3^2} = 7.$

S.206 3. Wir wählen o.B.d.A. den Repräsentanten von $\mathfrak{a}$ mit O als Anfangspunkt.

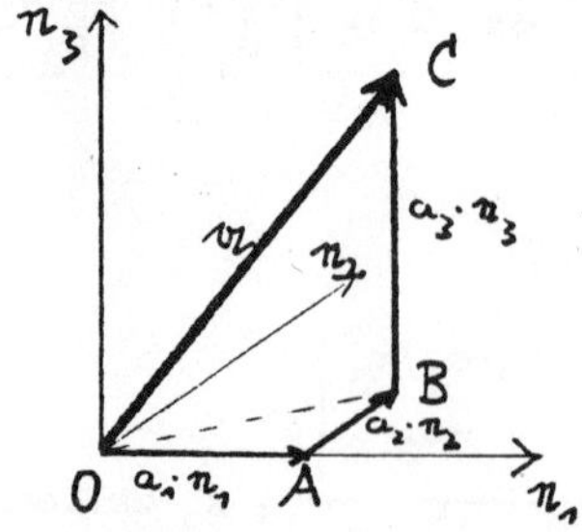

Es sei $\mathfrak{a} = \begin{pmatrix}a_1\\a_2\\a_3\end{pmatrix} = a_1\cdot\mathfrak{n}_1 + a_2\cdot\mathfrak{n}_2 + a_3\cdot\mathfrak{n}_3$

Im rechtwinkligen Dreieck OAB gilt:

$(\overline{OB})^2 = a_1^2 + a_2^2$

Im rechtwinkligen Dreieck OBC gilt:

$(\overline{OC})^2 = (\overline{OB})^2 + a_3^2 = a_1^2 + a_2^2 + a_3^2$

Andererseits ist

$$\mathfrak{a}^2 = \begin{pmatrix}a_1\\a_2\\a_3\end{pmatrix}^2 = a_1^2 + a_2^2 + a_3^2.$$

Also erhalten wir: $\overline{OC} = \sqrt{a_1^2 + a_2^2 + a_3^2} = \sqrt{\mathfrak{a}^2} = |\mathfrak{a}|.$

4.a) falsch ($\mathfrak{e}^2 = 36 \Leftrightarrow |\mathfrak{e}|^2 = 36$); b) falsch (für $c < 0$);
c) richtig.

5. Zu zeigen ist $|\mathfrak{a}\circ\mathfrak{b}| \leq |\mathfrak{a}||\mathfrak{b}|$, also

$$|a_1b_1 + a_2b_2| \leq \sqrt{a_1^2 + a_2^2}\cdot\sqrt{b_1^2 + b_2^2}.$$

Durch Quadrieren erhalten wir

$$(a_1b_1 + a_2b_2)^2 \leq (a_1^2 + a_2^2)(b_1^2 + b_2^2) \Leftrightarrow$$

$$\Leftrightarrow a_1^2b_1^2 + 2a_1a_2b_1b_2 + a_2^2b_2^2 \leq a_1^2b_1^2 + a_1^2b_2^2 + a_2^2b_1^2 + a_2^2b_2^2 \Leftrightarrow$$

$$\Leftrightarrow 0 \leq (a_1b_2 - a_2b_1)^2$$

Durchläuft man die Herleitung rückwärts, so folgt die Behauptung.

6.a) $|\mathfrak{a}\circ\mathfrak{b}| = |-5| = 5,\ |\mathfrak{a}| = 5,\ |\mathfrak{b}| = 3,$

$\Rightarrow |\mathfrak{a}\circ\mathfrak{b}| < |\mathfrak{a}||\mathfrak{b}|$

$\mathfrak{a}+\mathfrak{b} = \begin{pmatrix}-2\\4\\2\end{pmatrix},\ |\mathfrak{a}+\mathfrak{b}| = 2\sqrt{6} \approx 4{,}9$

$\Rightarrow |\mathfrak{a}+\mathfrak{b}| < |\mathfrak{a}| + |\mathfrak{b}|;$

b) $|\mathfrak{a}\circ\mathfrak{b}| = 0$, $|\mathfrak{a}| = \sqrt{10} \approx 3{,}16$; $|\mathfrak{b}| = \sqrt{22} \approx 4{,}69$;

$\Longrightarrow \ |\mathfrak{a}\circ\mathfrak{b}| < |\mathfrak{a}||\mathfrak{b}|$

$|\mathfrak{a}+\mathfrak{b}| = 4\sqrt{2} \approx 5{,}66$

$\Longrightarrow \ |\mathfrak{a}+\mathfrak{b}| < |\mathfrak{a}| + |\mathfrak{b}|$;

c) z.B.: $\mathfrak{a} = \begin{pmatrix}1\\1\\1\end{pmatrix}$, $\mathfrak{b} = \begin{pmatrix}2\\2\\2\end{pmatrix}$

Standard-Skalarprodukt:

$|\mathfrak{a}\circ\mathfrak{b}| = 6$, $|\mathfrak{a}| = \sqrt{3}$, $|\mathfrak{b}| = 2\sqrt{3} \Longrightarrow |\mathfrak{a}\circ\mathfrak{b}| = |\mathfrak{a}||\mathfrak{b}|$

$\mathfrak{a}+\mathfrak{b} = \begin{pmatrix}3\\3\\3\end{pmatrix}$, $|\mathfrak{a}+\mathfrak{b}| = 3\sqrt{3} \Longrightarrow |\mathfrak{a}+\mathfrak{b}| = |\mathfrak{a}| + |\mathfrak{b}|$;

Skalarprodukt aus Aufgabe 15

$|\mathfrak{a}\circ\mathfrak{b}| = 16$, $|\mathfrak{a}| = 2\sqrt{2}$, $|\mathfrak{b}| = 4\sqrt{2} \Longrightarrow |\mathfrak{a}\circ\mathfrak{b}| = |\mathfrak{a}||\mathfrak{b}|$

$|\mathfrak{a}+\mathfrak{b}| = 6\sqrt{2} \Longrightarrow |\mathfrak{a}+\mathfrak{b}| = |\mathfrak{a}| + |\mathfrak{b}|$.

7.
$$|\mathfrak{a}\circ\mathfrak{b}| = \left|\begin{pmatrix}-1\\2\\4\end{pmatrix}\begin{pmatrix}5\\-10\\-20\end{pmatrix}\right| = |-105| = 105,$$

$$|\mathfrak{a}|\,|\mathfrak{b}| = \sqrt{\begin{pmatrix}-1\\2\\4\end{pmatrix}^2}\sqrt{\begin{pmatrix}5\\-10\\-20\end{pmatrix}^2} = \sqrt{21}\,\sqrt{525} = 105$$

$\Longrightarrow \{\mathfrak{a},\mathfrak{b}\}$ linear abhängig: $\mathfrak{b} = (-5)\cdot\mathfrak{a}$.

Winkel zweier Vektoren

8.a) $\cos\varphi = 0 \Longrightarrow \varphi = \frac{\pi}{2}$; b) $\cos\varphi = \frac{4}{5} \Longrightarrow \varphi \approx 0{,}6435$;

c) $\cos\varphi = \dfrac{-1}{\sqrt{13}\sqrt{5}} = -\dfrac{\sqrt{65}}{65} \Longrightarrow \varphi \approx 1{,}6952$.

9.a) $\mathfrak{n}_i$: Einheitsvektor in Richtung der x_i-Achse

$$\cos\varphi_1 = \frac{\mathfrak{a}\circ\mathfrak{n}_1}{|\mathfrak{a}|} = \frac{\begin{pmatrix}4\\-7\\-4\end{pmatrix}\begin{pmatrix}1\\0\\0\end{pmatrix}}{9} = \frac{4}{9} \Longrightarrow \varphi_1 \approx 1{,}1102;$$

$$\cos\varphi_2 = \frac{\mathfrak{a}\circ\mathfrak{n}_2}{|\mathfrak{a}|} = \frac{-7}{9} \Longrightarrow \varphi_2 \approx 2{,}4619;$$

$$\cos\varphi_3 = \frac{\mathfrak{a}\circ\mathfrak{n}_3}{|\mathfrak{a}|} = \frac{-4}{9} \Longrightarrow \varphi_3 \approx 2{,}0314;$$

b)
$$\cos\varphi_1 = \frac{\mathfrak{b}\circ\mathfrak{n}_1}{|\mathfrak{b}|} = 0 \Longrightarrow \varphi_1 = \frac{\pi}{2};$$

$$\cos\varphi_2 = \frac{\mathfrak{b}\circ\mathfrak{n}_2}{|\mathfrak{b}|} = \frac{3}{10}\sqrt{10} \Longrightarrow \varphi_2 \approx 0{,}3218;$$

$$\cos\varphi_3 = \frac{\mathfrak{b}\circ\mathfrak{n}_3}{|\mathfrak{b}|} = \frac{1}{10}\sqrt{10} \Longrightarrow \varphi_3 \approx 1{,}2490.$$

10. $\mathfrak{a} \circ \mathfrak{b} = |\mathfrak{a}||\mathfrak{b}| \cos\frac{\pi}{3} = 4 \cdot 5 \cdot \frac{1}{2} = 10.$

S.207 11. $\varphi = \sphericalangle(\mathfrak{a}, \mathfrak{b}): \quad \cos\varphi = \frac{\mathfrak{a} \circ \mathfrak{b}}{|\mathfrak{a}||\mathfrak{b}|} = \frac{24}{8 \cdot 6} = \frac{1}{2} \Rightarrow \varphi = \frac{\pi}{3}.$

12. $\overrightarrow{AB} = \vec{B} - \vec{A} = \begin{pmatrix} 3 \\ 4 \end{pmatrix}, \quad \overrightarrow{CD} = \vec{D} - \vec{C} = \begin{pmatrix} -8 \\ 6 \end{pmatrix}, \quad \cos\varphi = 0 \Rightarrow \varphi = \frac{\pi}{2}.$

13.a) $\varphi_1 = \sphericalangle(\mathfrak{a}, \mathfrak{b}): \cos\varphi_1 = \frac{\mathfrak{a} \circ \mathfrak{b}}{|\mathfrak{a}||\mathfrak{b}|} = \frac{\mathfrak{b} \circ \mathfrak{a}}{|\mathfrak{b}||\mathfrak{a}|} \Rightarrow \sphericalangle(\mathfrak{a}, \mathfrak{b}) = \sphericalangle(\mathfrak{b}, \mathfrak{a});$

b) $\varphi_2 = \sphericalangle(\mathfrak{a}, \mathfrak{a}): \cos\varphi_2 = \frac{\mathfrak{a} \circ \mathfrak{a}}{|\mathfrak{a}||\mathfrak{a}|} = \frac{\mathfrak{a}^2}{|\mathfrak{a}|^2} = \frac{|\mathfrak{a}|^2}{|\mathfrak{a}|^2} = 1 \Rightarrow \varphi_2 = 0;$

$\varphi_3 = \sphericalangle(\mathfrak{a}, -\mathfrak{a}): \cos\varphi_3 = \frac{\mathfrak{a} \circ (-\mathfrak{a})}{|\mathfrak{a}||-\mathfrak{a}|} = \frac{-(\mathfrak{a} \circ \mathfrak{a})}{|-1||\mathfrak{a}||\mathfrak{a}|} = -1 \Rightarrow \varphi_3 = \pi;$

c) $\varphi_4 = \sphericalangle(\mathfrak{a}, -\mathfrak{b}): \cos\varphi_4 = -\frac{(\mathfrak{a} \circ \mathfrak{b})}{|\mathfrak{a}||\mathfrak{b}|} = -\cos\varphi_1 = \cos(\pi - \varphi_1),$

$\varphi_5 = \sphericalangle(-\mathfrak{a}, \mathfrak{b}): \cos\varphi_5 = -\frac{(\mathfrak{a} \circ \mathfrak{b})}{|\mathfrak{a}||\mathfrak{b}|} = -\cos\varphi_1 = \cos(\pi - \varphi_1)$

$\Rightarrow \varphi_4 = \varphi_5 = \pi - \varphi_1;$

d) $\varphi_6 = \sphericalangle(-\mathfrak{a}, -\mathfrak{b}): \cos\varphi_6 = \frac{(-\mathfrak{a}) \circ (-\mathfrak{b})}{|-\mathfrak{a}||-\mathfrak{b}|} = \frac{\mathfrak{a} \circ \mathfrak{b}}{|\mathfrak{a}||\mathfrak{b}|} = \cos\varphi_1 \Rightarrow \varphi_6 = \varphi_1.$

14. Aus $(\mathfrak{a} + \mathfrak{b}) \circ (\mathfrak{a} + 2 \cdot \mathfrak{b}) = 0$, d.h. $\mathfrak{a}^2 + 3\mathfrak{a} \circ \mathfrak{b} + 2\mathfrak{b}^2 = 0$ folgt wegen $\mathfrak{a}^2 = |\mathfrak{a}|^2$ und $\mathfrak{b}^2 = |\mathfrak{b}|^2$ mit $|\mathfrak{a}| = 2|\mathfrak{b}|$
$6|\mathfrak{b}|^2 + 3 \cdot 2|\mathfrak{b}||\mathfrak{b}| \cos\varphi = 0$, also $\cos\varphi = -1$, und damit $\varphi = \pi$.

15. $|\mathfrak{c}| = \sqrt{(3 \cdot \mathfrak{a} - 2 \cdot \mathfrak{b})^2} = \sqrt{9\mathfrak{a}^2 - 12\mathfrak{a} \circ \mathfrak{b} + 4\mathfrak{b}^2} =$

$= \sqrt{9|\mathfrak{a}|^2 - 12|\mathfrak{a}||\mathfrak{b}| \cos\varphi_1 + 4|\mathfrak{b}|^2} = \sqrt{36 + 72 + 36} = \sqrt{144} = 12,$

$\cos\varphi_2 = \frac{\mathfrak{c} \circ \mathfrak{a}}{|\mathfrak{c}||\mathfrak{a}|} = \frac{(3 \cdot \mathfrak{a} - 2 \cdot \mathfrak{b}) \circ \mathfrak{a}}{|\mathfrak{c}||\mathfrak{a}|} = \frac{3\mathfrak{a}^2 - 2\mathfrak{a} \circ \mathfrak{b}}{|\mathfrak{c}||\mathfrak{a}|} =$

$= \frac{3|\mathfrak{a}|^2 - 2|\mathfrak{a}||\mathfrak{b}| \cos\varphi_1}{|\mathfrak{c}||\mathfrak{a}|} = \frac{12 + 12}{12 \cdot 2} = 1 \Rightarrow \varphi_2 = 0.$

16. Zunächst erhalten wir mit $\varphi = \sphericalangle(\mathfrak{a}, \mathfrak{b})$ aus
$\mathfrak{a} \circ \mathfrak{b} = |\mathfrak{a}||\mathfrak{b}| \cos\varphi = |\mathfrak{a}||\mathfrak{b}|$:
$\cos\varphi = 1$, d.h. $\varphi = 0$, also $\mathfrak{a} = \lambda \cdot \mathfrak{b}$, $\lambda > 0$.
Umgekehrt folgt aus $\mathfrak{a} = \lambda \cdot \mathfrak{b}$, $\lambda > 0$
$\mathfrak{a} \circ \mathfrak{b} = \lambda \mathfrak{b}^2 = |\lambda||\mathfrak{b}|^2 = |\mathfrak{a}||\mathfrak{b}|$.
Also: $\mathfrak{a} \circ \mathfrak{b} = |\mathfrak{a}||\mathfrak{b}|$ gilt genau dann, wenn $\mathfrak{a} = \lambda \cdot \mathfrak{b}$, $\lambda > 0$
(d.h. $\mathfrak{a}$ und $\mathfrak{b}$ sind gleichgerichtet).

17. Wegen $r = \vec{A} \circ \begin{pmatrix} 1 \\ 0 \\ 0 \end{pmatrix} = \vec{B} \circ \begin{pmatrix} 1 \\ 0 \\ 0 \end{pmatrix} = \vec{C} \circ \begin{pmatrix} 1 \\ 0 \\ 0 \end{pmatrix}$ und $|\vec{A}| = |\vec{B}| = |\vec{C}|$ gilt:

$\cos\alpha = \cos\beta = \cos\gamma$, also auch $\alpha = \beta = \gamma$.
Dabei sind α, β und γ die Winkel zwischen $\vec{A}$ und $\begin{pmatrix} 1 \\ 0 \\ 0 \end{pmatrix}$, $\vec{B}$ und $\begin{pmatrix} 1 \\ 0 \\ 0 \end{pmatrix}$

und $\vec{C}$ und $\begin{pmatrix} 1 \\ 0 \\ 0 \end{pmatrix}$. Die Punkte liegen also auf dem Mantel eines Kreiskegels mit Öffnungswinkel 2α und der Höhe in Richtung der x_1-Achse.

Für $r = 0$ gilt $\cos\alpha = 0$, d.h. $\alpha = \frac{\pi}{2}$. Der Kegelmantel entartet zur x_2x_3-Ebene, die drei Punkte liegen auf einem Kreis um 0 in dieser Ebene.

18.a)

$$\vec{u}^{\,0} = \begin{pmatrix} u_1 \\ u_2 \\ u_3 \end{pmatrix}, \quad \vec{v}^{\,0} = \begin{pmatrix} v_1 \\ v_2 \\ v_3 \end{pmatrix}, \quad \varphi = \sphericalangle(\vec{u}^{\,0}, \vec{v}^{\,0}) \in [0;\pi] \quad , \quad \varphi_1 = \sphericalangle(\vec{u}^{\,0}, \vec{u}^{\,0}+\vec{v}^{\,0})$$

$$(\vec{u}^{\,0})^2 = u_1^2 + u_2^2 + u_3^2 = 1, \quad (\vec{v}^{\,0})^2 = v_1^2 + v_2^2 + v_3^2 = 1,$$

$$\cos\varphi = \vec{u}\circ\vec{v} = u_1v_1 + u_2v_2 + u_3v_3$$

$$\cos\varphi_1 = \frac{\vec{u}^{\,0}\circ(\vec{u}^{\,0} + \vec{v}^{\,0})}{|\vec{u}^{\,0} + \vec{v}^{\,0}|} = \frac{u_1(u_1+v_1)+u_2(u_2+v_2)+u_3(u_3+v_3)}{\sqrt{(u_1+v_1)^2+(u_2+v_2)^2+(u_3+v_3)^2}} =$$

$$= \frac{(u_1^2+u_2^2+u_3^2) + (u_1v_1+u_2v_2+u_3v_3)}{\sqrt{(u_1^2+u_2^2+u_3^2) + (v_1^2+v_2^2+v_3^2) + 2(u_1v_1+u_2v_2+u_3v_3)}} =$$

$$= \frac{1 + (u_1v_1 + u_2v_2 + u_3v_3)}{\sqrt{2[1 + (u_1v_1+u_2v_2+u_3v_3)]}} = \sqrt{\frac{1 + (u_1v_1+u_2v_2+u_3v_3)}{2}} =$$

$$= \sqrt{\frac{1 + \cos\varphi}{2}} = \left|\cos\frac{\varphi}{2}\right| = \cos\frac{\varphi}{2} \quad \left(\text{da } \frac{\varphi}{2} \in \left[0;\frac{\pi}{2}\right], \text{ d.h. } \cos\frac{\varphi}{2} \geq 0\right).$$

b) Die Behauptung folgt aus a) wegen

$$\cos\varphi_1 = \frac{\vec{u}\circ(\vec{u}+\vec{v})}{|\vec{u}|\,|\vec{u}+\vec{v}|} = \frac{(|\vec{u}|\cdot\vec{u}^{\,0})\circ(|\vec{u}|\cdot\vec{u}^{\,0} + |\vec{u}|\cdot\vec{v}^{\,0})}{|\vec{u}|\cdot\left||\vec{u}|\cdot\vec{u}^{\,0} + |\vec{u}|\cdot\vec{v}^{\,0}\right|} = \frac{\vec{u}^{\,0}\circ(\vec{u}^{\,0} + \vec{v}^{\,0})}{|\vec{u}^{\,0} + \vec{v}^{\,0}|}.$$

Winkel zweier Geraden

19. $\varphi = \sphericalangle(g,h)$:

$$\cos\varphi = \frac{\begin{pmatrix} 3 \\ -4 \\ 0 \end{pmatrix}\begin{pmatrix} 2 \\ -2 \\ 1 \end{pmatrix}}{5\cdot 3} = \frac{14}{15} \implies \varphi \approx 0{,}3672.$$

20. $\lambda = 2$: $\vec{B} = \begin{pmatrix} 3 \\ -1 \\ 2 \end{pmatrix}$, Richtungsvektor von h: $\vec{A} - \vec{B} = \begin{pmatrix} 2 \\ 2 \\ -2 \end{pmatrix}$

$$\alpha = \sphericalangle(g,h): \cos\alpha = \frac{\begin{pmatrix} 1 \\ 1 \\ -2 \end{pmatrix}\begin{pmatrix} 2 \\ 2 \\ -2 \end{pmatrix}}{\sqrt{6}\cdot\sqrt{12}} = \frac{2}{3}\sqrt{2} \implies \alpha \approx 0{,}3398;$$

$$h: \vec{x} = \begin{pmatrix} 3 \\ -1 \\ 2 \end{pmatrix} + \mu\begin{pmatrix} 2 \\ 2 \\ -2 \end{pmatrix}.$$

S.208 21. a) $g \not\parallel h$, da $\left\{ \begin{pmatrix}1\\1\\0\end{pmatrix}, \begin{pmatrix}-1\\0\\2\end{pmatrix} \right\}$ linear unabhängig.

$g \cap h$:

$$\begin{pmatrix}0\\0\\1\end{pmatrix} + \lambda\begin{pmatrix}1\\1\\0\end{pmatrix} = \begin{pmatrix}4\\-3\\5\end{pmatrix} + \mu\begin{pmatrix}-1\\0\\2\end{pmatrix} \Leftrightarrow \begin{cases} \lambda + \mu = 4 \\ \lambda = -3 \\ -2\mu = 4 \end{cases} \Rightarrow \mu = -2$$

Widerspruch, also $g \cap h = \{ \}$ $\Rightarrow$ g und h sind windschief;

b) $\alpha = \sphericalangle(g,h)$:

$$\cos\alpha = \left| \frac{\begin{pmatrix}1\\1\\0\end{pmatrix}\begin{pmatrix}-1\\0\\2\end{pmatrix}}{\sqrt{2}\cdot\sqrt{5}} \right| = \left| -\frac{\sqrt{10}}{10} \right| = \frac{\sqrt{10}}{10} \Rightarrow \alpha \approx 1{,}2490.$$

22. Richtungsvektor von g: $\begin{pmatrix}2\\0\end{pmatrix}$, Richtungsvektor der gesuchten Geraden: $\vec{u} = \begin{pmatrix}u_1\\1\end{pmatrix}$ (u_2 wurde gleich 1 gesetzt, da es nur auf die Richtung, nicht auf den Betrag ankommt).

$$\frac{\pi}{4} = \alpha = \sphericalangle\left(\begin{pmatrix}2\\0\end{pmatrix}, \vec{u}\right): \cos\alpha = \frac{1}{2}\sqrt{2} = \left| \frac{\begin{pmatrix}u_1\\1\end{pmatrix}\begin{pmatrix}2\\0\end{pmatrix}}{\sqrt{u_1^2+1}\cdot 2} \right| = \frac{|u_1|}{\sqrt{u_1^2+1}}, \text{ also}$$

$$\sqrt{2}\cdot\sqrt{u_1^2+1} = 2|u_1| \quad /(\ )^2$$
$$2(u_1^2+1) = 4u_1^2$$
$$u_1^2 = 1, \text{ also } u_1 = 1 \vee u_1 = -1;$$

h_1: $\vec{x} = \begin{pmatrix}3\\1\end{pmatrix} + \mu\begin{pmatrix}1\\1\end{pmatrix}$, h_2: $\vec{x} = \begin{pmatrix}3\\1\end{pmatrix} + \nu\begin{pmatrix}-1\\1\end{pmatrix}$;

Schnittpunkte: $\{S_1\} = g \cap h_1$: $S_1(1|-1)$;

$\{S_2\} = g \cap h_2$: $S_2(5|-1)$.

23. Richtungsvektor der x_1-Achse: $\begin{pmatrix}1\\0\end{pmatrix}$, Richtungsvektor der gesuchten Geraden: $\vec{u} = \begin{pmatrix}u_1\\u_2\end{pmatrix}$. Da es nur auf die Richtung ankommt, wählen wir $u_2 = 1$.

$$\frac{\pi}{3} = \alpha = \sphericalangle\left(\begin{pmatrix}1\\0\end{pmatrix}, \vec{u}\right): \cos\alpha = \frac{1}{2} = \left| \frac{\begin{pmatrix}u_1\\1\end{pmatrix}\begin{pmatrix}1\\0\end{pmatrix}}{\sqrt{u_1^2+1}} \right| = \frac{|u_1|}{\sqrt{u_1^2+1}}, \text{ also}$$

$$\sqrt{u_1^2+1} = 2|u_1| \quad /(\ )^2$$
$$u_1^2+1 = 4u_1^2$$
$$u_1^2 = \frac{1}{3}, \text{ also } u_1 = \frac{1}{3}\sqrt{3} \vee u_1 = -\frac{1}{3}\sqrt{3};$$

g_1: $\vec{x} = \begin{pmatrix}2\\-1\end{pmatrix} + \lambda\begin{pmatrix}\frac{1}{3}\sqrt{3}\\1\end{pmatrix}$, g_2: $\vec{x} = \begin{pmatrix}2\\-1\end{pmatrix} + \mu\begin{pmatrix}-\frac{1}{3}\sqrt{3}\\1\end{pmatrix}$.

24. Vorbemerkung: Es gilt: $g \| h \Leftrightarrow \{\mathfrak{u}, \mathfrak{w}\}$ linear abhängig

Beweis:

"$\Rightarrow$": Es gilt $g \| h$, d.h. $\mathfrak{u} = \nu \cdot \mathfrak{w}$. Damit wird

$$\cos\varphi = \left|\frac{\mathfrak{u}\circ\mathfrak{w}}{|\mathfrak{u}||\mathfrak{w}|}\right| = \left|\frac{\nu\mathfrak{w}^2}{|\nu||\mathfrak{w}|^2}\right| = \left|\frac{\nu|\mathfrak{w}|^2}{|\nu||\mathfrak{w}|^2}\right| = \frac{|\nu|}{|\nu|} = 1$$

"$\Leftarrow$": Es gilt

$$\cos\varphi = \left|\frac{\mathfrak{u}\circ\mathfrak{w}}{|\mathfrak{u}||\mathfrak{w}|}\right| = 1, \text{ d.h. } \frac{\mathfrak{u}}{|\mathfrak{u}|}\circ\frac{\mathfrak{w}}{|\mathfrak{w}|} = 1 \text{ oder } -\frac{\mathfrak{u}}{|\mathfrak{u}|}\circ\frac{\mathfrak{w}}{|\mathfrak{w}|} = 1;$$

Wir betrachten den 1. Fall:

$$\mathfrak{u}^0\circ\mathfrak{w}^0 = 1 \Rightarrow 2(\mathfrak{u}^0\circ\mathfrak{w}^0) = 2 \Rightarrow 1 - 2(\mathfrak{u}^0\circ\mathfrak{w}^0) + 1 = 0 \Rightarrow$$

$$\Rightarrow (\mathfrak{u}^0)^2 - 2(\mathfrak{u}^0\circ\mathfrak{w}^0) + (\mathfrak{w}^0)^2 = 0 \Rightarrow (\mathfrak{u}^0 - \mathfrak{w}^0)^2 = 0 \Rightarrow$$

$$\Rightarrow \mathfrak{u}^0 - \mathfrak{w}^0 = \mathfrak{o} \Rightarrow \mathfrak{u}^0 = \mathfrak{w}^0 \Rightarrow \frac{1}{|\mathfrak{u}|}\cdot\mathfrak{u} = \frac{1}{|\mathfrak{w}|}\cdot\mathfrak{w} \Rightarrow$$

$\Rightarrow \{\mathfrak{u}, \mathfrak{w}\}$ linear abhängig, d.h. $g \| h$.

Der 2. Fall führt analog auf $\mathfrak{u}^0 + \mathfrak{w}^0 = \mathfrak{o}$, woraus sich wieder die Behauptung ergibt.

Orthogonalität

25. $2 + 2s + t = 0$.

26. Bedingung: $\vec{x}\circ\mathfrak{a} = 0$

$\mathbb{R}^2$: $\begin{pmatrix} x_1 \\ x_2 \end{pmatrix}\begin{pmatrix} a_1 \\ a_2 \end{pmatrix} = 0$, $a_1x_1 + a_2x_2 = 0$: Gerade durch 0.

$\mathbb{R}^3$: $\begin{pmatrix} x_1 \\ x_2 \\ x_3 \end{pmatrix}\begin{pmatrix} a_1 \\ a_2 \\ a_3 \end{pmatrix} = 0$, $a_1x_1 + a_2x_2 + a_3x_3 = 0$: Ebene durch 0.

27.

$$\begin{array}{lrl}
 & 4r + s = 2 & \text{I} \\
 & -3r + s = -6 & \text{II} \\
\hline
\text{I} - \text{II}: & 7r = 8 \Rightarrow r = \frac{8}{7} &
\end{array}$$

eingesetzt in II: $s = -6 + \frac{24}{7} = -\frac{18}{7}$.

28.a) parallel: $\mathfrak{c} = \lambda\cdot\mathfrak{g}$

$$\begin{array}{rll}
s = & 2\lambda \quad \Rightarrow \lambda = \frac{s}{2} & \text{I}' \\
t + s = & \lambda(t-2) & \text{II} \\
t = & \lambda(2-s) & \text{III} \\
\hline
\end{array}$$

I' eingesetzt in II und III:

$$\begin{array}{rll}
t(1 - \frac{s}{2}) & = -2s & \text{II}' \\
t & = s - \frac{s^2}{2} & \text{III}' \\
\hline
\end{array}$$

III' eingesetzt in II':

$$s(1 - \frac{s}{2})^2 = -2s$$

1. Fall: $s = 0 \Rightarrow t = 0 \Rightarrow \mathfrak{r} = \mathfrak{v}$;

2. Fall: $s \neq 0$: $(1 - \frac{s}{2})^2 = -2$ nicht möglich;

b) senkrecht: $\mathfrak{r} \circ \mathfrak{g} = 0$

$2s + (t + s)(t - 2) + t(2 - s) = 0 \Leftrightarrow t^2 = 0 \Rightarrow t = 0$, s beliebig.

S.209 29.a) $|\mathfrak{a}| = \sqrt{5}$, $\mathfrak{b} = \lambda\begin{pmatrix}-2\\1\end{pmatrix}$, $|\mathfrak{b}| = 2\sqrt{5} = \sqrt{(-2\lambda)^2 + \lambda^2} = \sqrt{5\lambda^2}$

$\Rightarrow \lambda = 2 \vee \lambda = -2$,

also z.B.: $\mathfrak{b} = \begin{pmatrix}-4\\2\end{pmatrix}$.

b) $|\mathfrak{b}| = 3 = \sqrt{(-2\lambda)^2 + \lambda^2} = \sqrt{5\lambda^2}$, $\lambda^2 = \frac{9}{5} \Rightarrow \lambda = \frac{3}{5}\sqrt{5} \vee \lambda = -\frac{3}{5}\sqrt{5}$

also z.B.: $\mathfrak{b} = \begin{pmatrix}-\frac{6}{5}\sqrt{5}\\ \frac{3}{5}\sqrt{5}\end{pmatrix}$.

30. $\mathfrak{a} \circ \mathfrak{b} = 0 \wedge \mathfrak{a} \circ \mathfrak{c} = 0 \wedge \mathfrak{b} \circ \mathfrak{c} = 0$ ergibt $r = 6$, $s = 25$, $t = -13$.

$$\mathfrak{a}^0 = \frac{1}{21}\sqrt{21}\begin{pmatrix}-1\\2\\4\end{pmatrix};\quad \mathfrak{b}^0 = \frac{1}{38}\sqrt{38}\begin{pmatrix}6\\1\\1\end{pmatrix};\quad \mathfrak{c}^0 = \frac{1}{798}\sqrt{798}\begin{pmatrix}-2\\25\\-13\end{pmatrix}.$$

31. $\mathfrak{c} \circ \mathfrak{d} = (6\cdot\mathfrak{a}^0 - 4\cdot\mathfrak{b}^0)\circ(\mathfrak{a}^0 + 4\cdot\mathfrak{b}^0) = 6(\mathfrak{a}^0)^2 + 24\mathfrak{a}^0\circ\mathfrak{b}^0 - 4\mathfrak{a}^0\circ\mathfrak{b}^0 -$

$- 16(\mathfrak{b}^0)^2 = 6 + 10 - 16 = 0 \Rightarrow \mathfrak{c} \perp \mathfrak{d}$;

$|\mathfrak{c}| = \sqrt{(6\cdot\mathfrak{a}^0 - 4\cdot\mathfrak{b}^0)^2} = \sqrt{36(\mathfrak{a}^0)^2 - 48\mathfrak{a}^0\circ\mathfrak{b}^0 + 16(\mathfrak{b}^0)^2} = 2\sqrt{7}$;

$|\mathfrak{d}| = \sqrt{(\mathfrak{a}^0 + 4\cdot\mathfrak{b}^0)^2} = \sqrt{(\mathfrak{a}^0)^2 + 8\mathfrak{a}^0\circ\mathfrak{b}^0 + 16(\mathfrak{b}^0)^2} = \sqrt{21}$.

32. $(\mathfrak{a} - \frac{\mathfrak{b}}{3})\circ(2\cdot\mathfrak{a} + \mathfrak{b}) = 2\mathfrak{a}^2 + \mathfrak{a}\circ\mathfrak{b} - \frac{2}{3}\mathfrak{a}\circ\mathfrak{b} - \frac{1}{3}\mathfrak{b}^2 =$

$= 2\mathfrak{a}^2 + \frac{1}{3}\mathfrak{a}\circ\mathfrak{b} - \frac{1}{3}\mathfrak{b}^2 = 0 \Rightarrow \mathfrak{a}\circ\mathfrak{b} = \mathfrak{b}^2 - 6\mathfrak{a}^2$,

$$\cos\varphi = \frac{|\mathfrak{b}|^2 - 6|\mathfrak{a}|^2}{|\mathfrak{a}||\mathfrak{b}|} = \frac{1}{10} \Rightarrow \varphi \approx 1{,}4706.$$

33. Richtungsvektor von h: $\mathfrak{u} = \begin{pmatrix}u_1\\u_2\\u_3\end{pmatrix}$; $g \perp h$: $\begin{pmatrix}u_1\\u_2\\u_3\end{pmatrix}\circ\begin{pmatrix}2\\1\\3\end{pmatrix} = 0 \Leftrightarrow$

$2u_1 + u_2 + 3u_3 = 0$. Da es nur auf die Richtung, nicht aber auf den Betrag von $\mathfrak{u}$ ankommt, kann man ein u_i wählen ($\neq 0$), z.B. $u_3 = 1$:

$2u_1 + u_2 + 3 = 0$

$u_1 = \frac{-3-u_2}{2}$, u_2 beliebig aus $\mathbb{R}$, z.B.: $u_2 = 1 \Rightarrow u_1 = -2$, $\mathfrak{u} = \begin{pmatrix}-2\\1\\1\end{pmatrix}$,

h: $\vec{x} = \mu\begin{pmatrix}-2\\1\\1\end{pmatrix}$;

Bemerkung: g und h sind windschief.

Verlangt man zusätzlich, daß sich g und h in S schneiden, so kann man z.B. ansetzen:

$$\mu_S\begin{pmatrix}\frac{-3-u_2}{2}\\ u_2\\ 1\end{pmatrix} = \begin{pmatrix}3\\5\\1\end{pmatrix} + \lambda_S\begin{pmatrix}2\\1\\3\end{pmatrix}$$

$$\begin{array}{rll} -\frac{3}{2}\mu_S - \frac{1}{2}\mu_S u_2 - 2\lambda_S = 3 & \text{I} \\ \mu_S u_2 - \lambda_S = 5 & \text{II} \\ \mu_S \quad - 3\lambda_S = 1 & \text{III} \\ \hline 2\cdot\text{I} + \text{II}: \; -3\mu_S - 5\lambda_S = 11 & \text{IV} \end{array}$$

3·III+IV: $-14\lambda_S = 14 \Rightarrow \lambda_S = -1, \mu_S = -2$ und schließlich

$u_2 = -2$,
also: $\mathfrak{u} = \begin{pmatrix}-\frac{1}{2}\\ -2\\ 1\end{pmatrix}$.

34. Vor.: $\mathfrak{h}_1 \cdot \mathfrak{a} = 0$

$\mathfrak{h}_2 \circ \mathfrak{b} = 0$

$\mathfrak{r} := \overrightarrow{CH}$

Beh.: $\overrightarrow{CH} \circ \mathfrak{c} = 0 \iff \overrightarrow{CH} = \mathfrak{h}_3$

Bew.: $\left.\begin{array}{ll}\mathfrak{h}_1 = -\mathfrak{b} + \mathfrak{r} & |\cdot\mathfrak{a} \\ \mathfrak{h}_2 = \mathfrak{a} + \mathfrak{r} & |\cdot\mathfrak{b}\end{array}\right\} \Rightarrow \left.\begin{array}{l} 0 = -\mathfrak{a}\circ\mathfrak{b} + \mathfrak{r}\circ\mathfrak{a} \\ 0 = \mathfrak{a}\cdot\mathfrak{b} + \mathfrak{r}\circ\mathfrak{b}\end{array}\right\} \Rightarrow$

$0 = \mathfrak{r}\cdot(\mathfrak{a} + \mathfrak{b}) \Rightarrow 0 = \mathfrak{r}\circ(-\mathfrak{c}) \Rightarrow \mathfrak{r}\circ\mathfrak{c} = \overrightarrow{CH}\circ\mathfrak{c} = 0.$

35. $\overrightarrow{AB} = \vec{B} - \vec{A} = \begin{pmatrix}11\\4\end{pmatrix} \Rightarrow$ Richtungsvektor der Höhe h_c: z.B. $\begin{pmatrix}-4\\11\end{pmatrix}$

$\overrightarrow{BC} = \vec{C} - \vec{B} = \begin{pmatrix}-4\\-10\end{pmatrix} \Rightarrow$ Richtungsvektor der Höhe h_a: z.B. $\begin{pmatrix}10\\-4\end{pmatrix}$

h_c: $\vec{X} = \begin{pmatrix}2\\-3\end{pmatrix} + \lambda\begin{pmatrix}-4\\11\end{pmatrix}$, h_a: $\vec{X} = \begin{pmatrix}-5\\3\end{pmatrix} + \mu\begin{pmatrix}10\\-4\end{pmatrix}$,

Schnittpunkt H:

$$\begin{pmatrix}2\\-3\end{pmatrix} + \lambda_H\begin{pmatrix}-4\\11\end{pmatrix} = \begin{pmatrix}-5\\3\end{pmatrix} + \mu_H\begin{pmatrix}10\\-4\end{pmatrix} \iff$$

$$\begin{array}{rl} -4\lambda_H - 10\mu_H = -7 & \text{I} \\ 11\lambda_H + 4\mu_H = 6 & \text{II} \\ \hline \end{array}$$

$11\cdot\text{I} + 4\cdot\text{II}: \; -94\mu_H = -53 \Rightarrow \mu_H = \frac{53}{94}, \; \lambda_H = \frac{16}{47} \Rightarrow H(\frac{30}{47}|\frac{35}{47}).$

36. $\vec{C} = \begin{pmatrix}c_1\\c_2\end{pmatrix}$, $\overrightarrow{CH} = \vec{H} - \vec{C} = \begin{pmatrix}4-c_1\\2{,}4-c_2\end{pmatrix}$, $\overrightarrow{AB} = \vec{B} - \vec{A} = \begin{pmatrix}10\\0\end{pmatrix}$,

$\overrightarrow{AH} = \vec{H} - \vec{A} = \begin{pmatrix}9\\2{,}4\end{pmatrix}$, $\overrightarrow{BC} = \vec{C} - \vec{B} = \begin{pmatrix}c_1-5\\c_2\end{pmatrix}$

Es muß gelten: $\overrightarrow{CH}\circ\overrightarrow{AB} = 0$ und $\overrightarrow{AH}\circ\overrightarrow{BC} = 0$, also:

$40 - 10c_1 = 0 \Rightarrow c_1 = 4$

$9c_1 - 45 + 2{,}4c_2 = 0 \Rightarrow c_2 = 3{,}75$

$\Rightarrow C(4|3{,}75)$.

37. Aus $\lambda_1 \cdot \mathfrak{a}_1 + \lambda_2 \cdot \mathfrak{a}_2 + \ldots + \lambda_n \cdot \mathfrak{a}_n = \mathfrak{o}$ folgt durch skalare Multiplikation mit z.B. $\mathfrak{a}_1$: $\lambda_1 \mathfrak{a}_1^2 = 0$, also wegen $\mathfrak{a}_1 \neq \mathfrak{o}$ $\lambda_1 = 0$. Analog zeigt man $\lambda_2 = \ldots = \lambda_n = 0$, d.h. $\{\mathfrak{a}_1, \mathfrak{a}_2, \ldots, \mathfrak{a}_n\}$ linear unabhängig.

S.210 38. $\mathfrak{a} \circ \mathfrak{u} = 0 \wedge \mathfrak{a} \circ \mathfrak{w} = 0$, außerdem sei $\mathfrak{b}$ ein Vektor mit Repräsentanten parallel zur Ebene, d.h. $\mathfrak{b}$ läßt sich als Linearkombination von $\mathfrak{u}$ und $\mathfrak{w}$ darstellen:

$$\mathfrak{b} = \lambda_1 \mathfrak{u} + \mu_1 \mathfrak{w} \Rightarrow \mathfrak{a} \circ \mathfrak{b} = \lambda_1 \mathfrak{a} \circ \mathfrak{u} + \mu_1 \mathfrak{a} \circ \mathfrak{w} = 0.$$

39. Geometrische Darstellung:

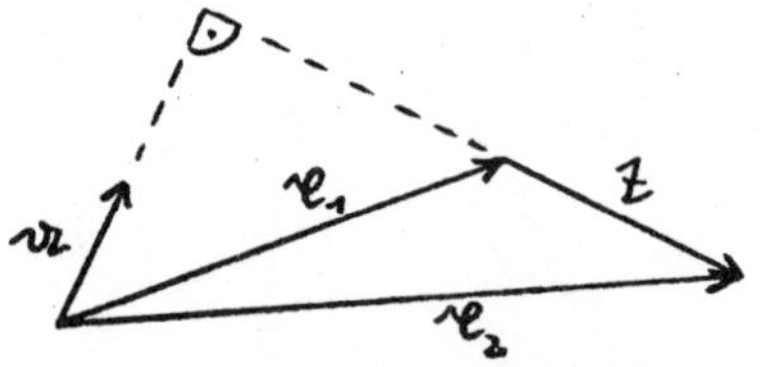

Aus $\mathfrak{x}_1 \circ \mathfrak{a} = b$ folgt auch $\mathfrak{x}_2 \circ \mathfrak{a} = (\mathfrak{x}_1 + \mathfrak{z}) \circ \mathfrak{a} = b$ für $\mathfrak{z} \perp \mathfrak{a}$, $\mathfrak{z}$ beliebig.

40. Vor.: $AC \perp BC$, also $\mathfrak{a} \circ \mathfrak{b} = 0$ und $\mathfrak{h} \circ \mathfrak{q} = \mathfrak{h} \circ \mathfrak{p} = 0$

Beh.: $|\mathfrak{h}|^2 = |\mathfrak{p}||\mathfrak{q}|$

Bew.: $\mathfrak{a} = \mathfrak{h} + \mathfrak{q}$, $\mathfrak{b} = \mathfrak{h} - \mathfrak{p}$

$$\mathfrak{a} \circ \mathfrak{b} = (\mathfrak{h} + \mathfrak{q}) \circ (\mathfrak{h} - \mathfrak{p}) = \mathfrak{h}^2 - \mathfrak{h} \circ \mathfrak{p} + \mathfrak{h} \circ \mathfrak{q} - \mathfrak{p} \circ \mathfrak{q} \underset{\text{(n. Vor.)}}{=} 0$$

$$\underset{\text{(mit Vor.)}}{\Rightarrow} \mathfrak{h}^2 = \mathfrak{p} \circ \mathfrak{q},\ |\mathfrak{h}|^2 = |\mathfrak{p}||\mathfrak{q}| \cos(\mathfrak{p}, \mathfrak{q}) = |\mathfrak{p}||\mathfrak{q}|,$$

da $\sphericalangle(\mathfrak{p}, \mathfrak{q}) = 0$.

41. Vor.: $|\mathfrak{r}| = |\mathfrak{t}|$

Beh.: $\mathfrak{a} \circ \mathfrak{b} = 0$

Bew.: $\left.\begin{array}{l} \mathfrak{a} = \mathfrak{r} + \mathfrak{t} \\ \mathfrak{b} = \mathfrak{t} - \mathfrak{r} \end{array}\right\} \Rightarrow \mathfrak{a} \circ \mathfrak{b} = (\mathfrak{r} + \mathfrak{t}) \circ (\mathfrak{t} - \mathfrak{r}) =$

$$= \mathfrak{t}^2 - \mathfrak{r}^2 = |\mathfrak{t}|^2 - |\mathfrak{r}|^2 \underset{\text{(n. Vor.)}}{=} 0.$$

42.a)

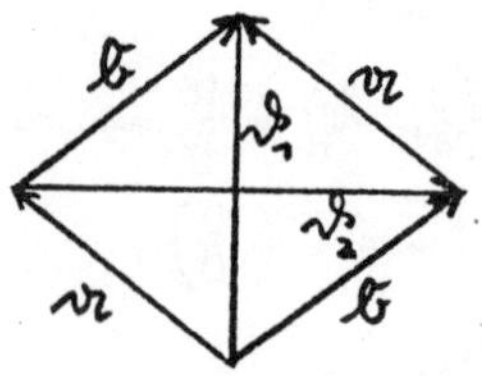

Vor.: $|\mathfrak{a}| = |\mathfrak{b}|$

$\mathfrak{d}_1 = \mathfrak{a} + \mathfrak{b}$, $\mathfrak{d}_2 = \mathfrak{b} - \mathfrak{a}$

Beh.: $\mathfrak{d}_1 \circ \mathfrak{d}_2 = 0$

Bew.: $\mathfrak{d}_1 \circ \mathfrak{d}_2 = (\mathfrak{a} + \mathfrak{b}) \circ (\mathfrak{b} - \mathfrak{a}) = \mathfrak{b}^2 - \mathfrak{a}^2 = |\mathfrak{b}|^2 - |\mathfrak{a}|^2 =$

$$\underset{\text{(n. Vor.)}}{=} 0.$$

b)

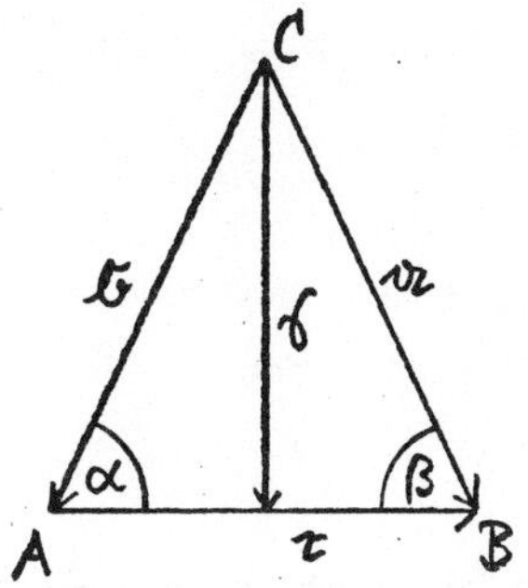

Vor.: $\alpha = \beta$, $|\mathfrak{a}| = |\mathfrak{b}|$, $\mathfrak{c} = \mathfrak{a} - \mathfrak{b}$,
$\mathfrak{s} = \mathfrak{b} + \frac{1}{2}\cdot\mathfrak{c} = \frac{1}{2}(\mathfrak{a} + \mathfrak{b})$

Beh.: $\mathfrak{s} \circ \mathfrak{c} = 0$

Bew.: $\mathfrak{s} \circ \mathfrak{c} = \frac{1}{2}(\mathfrak{a} + \mathfrak{b}) \circ \mathfrak{c} =$

$$= \frac{1}{2}\Big[|\mathfrak{a}||\mathfrak{c}|\cos\beta + |\mathfrak{b}||\mathfrak{c}|\cos(\pi - \alpha)\Big] =$$

$$= \frac{1}{2}\Big[|\mathfrak{a}||\mathfrak{c}|\cos\alpha - |\mathfrak{a}||\mathfrak{c}|\cos\alpha\Big] =$$

(n. Vor.)

$= 0.$

Orthogonalprojektion eines Vektors auf einen Vektor

43.a) $\mathfrak{b}_{\mathfrak{a}} \circ \mathfrak{a} = \left(\frac{\mathfrak{a}\circ\mathfrak{b}}{\mathfrak{a}^2}\right)\cdot(\mathfrak{a}\circ\mathfrak{a}) = \mathfrak{a}\circ\mathfrak{b} = \mathfrak{b}\circ\mathfrak{a};$

b) $|\mathfrak{b}_{\mathfrak{a}}| = \left|\left(\frac{\mathfrak{a}\circ\mathfrak{b}}{\mathfrak{a}^2}\right)\mathfrak{a}\right| \underset{4.1,\text{Satz}1\text{u.}3}{=} \frac{|\mathfrak{a}\circ\mathfrak{b}|}{|\mathfrak{a}|\cdot|\mathfrak{a}|}\cdot|\mathfrak{a}| \underset{4.3,\text{Satz}1}{\leqq} \frac{|\mathfrak{a}|\cdot|\mathfrak{b}|}{|\mathfrak{a}|} = |\mathfrak{b}|;$

c) Aus b) folgt $|\mathfrak{a}\circ\mathfrak{b}| = |\mathfrak{a}|\cdot|\mathfrak{b}_{\mathfrak{a}}|$.

44. $\mathfrak{b}_{\mathfrak{a}} = \left(\frac{\mathfrak{a}\circ\mathfrak{b}}{|\mathfrak{a}|\cdot|\mathfrak{a}|}\right)\cdot\mathfrak{a}$

Wegen $\mathfrak{a}\circ\mathfrak{b} = |\mathfrak{a}|\cdot|\mathfrak{b}|\cdot\cos\varphi$ folgt

$$|\mathfrak{b}_{\mathfrak{a}}| = \left|\frac{\mathfrak{a}\circ\mathfrak{b}}{|\mathfrak{a}|\cdot|\mathfrak{a}|}\right|\cdot|\mathfrak{a}| = \frac{|\mathfrak{a}|\cdot|\mathfrak{b}|\cdot|\cos\varphi|}{|\mathfrak{a}|\cdot|\mathfrak{a}|}\cdot|\mathfrak{a}| = |\mathfrak{b}|\cdot|\cos\varphi|\ .$$

45.

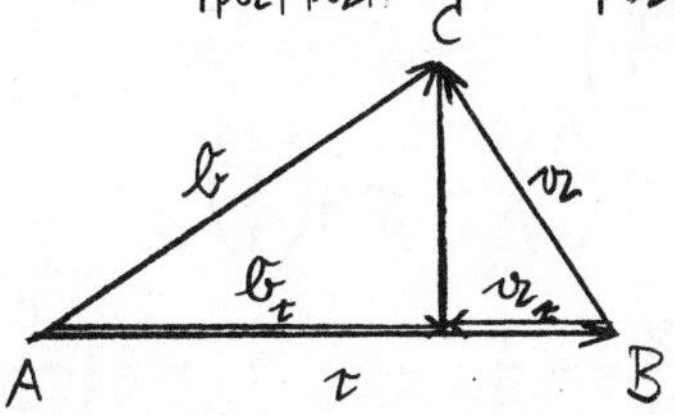

Aus $\mathfrak{c} + \mathfrak{a} = \mathfrak{b}$ und $\mathfrak{a}\circ\mathfrak{b} = 0$
folgt $\mathfrak{b}\circ\mathfrak{c} = \mathfrak{b}^2$.
Wegen $\mathfrak{b}\circ\mathfrak{c} = \mathfrak{b}_{\mathfrak{c}}\circ\mathfrak{c}$ (vgl. Aufg. 43)
folgt $|\mathfrak{b}|^2 = \mathfrak{b}_{\mathfrak{c}}\circ\mathfrak{c} = |\mathfrak{b}_{\mathfrak{c}}|\cdot|\mathfrak{c}|\cdot\cos 0 =$
$= |\mathfrak{b}_{\mathfrak{c}}|\cdot|\mathfrak{c}|$.

Aus $\mathfrak{a} = \mathfrak{b} - \mathfrak{c}$ und $\mathfrak{a}\circ\mathfrak{b} = 0$ folgt $\mathfrak{a}^2 = -\mathfrak{a}\circ\mathfrak{c}$.
Wegen $\mathfrak{a}\circ\mathfrak{c} = \mathfrak{a}_{\mathfrak{c}}\circ\mathfrak{c}$ folgt $|\mathfrak{a}|^2 = -\mathfrak{a}_{\mathfrak{c}}\circ\mathfrak{c} = -|\mathfrak{a}_{\mathfrak{c}}|\cdot|\mathfrak{c}|\cdot\cos\pi =$
$= |\mathfrak{a}_{\mathfrak{c}}|\cdot|\mathfrak{c}|$.

Orthonormierte Basis und kartesisches Koordinatensystem

46.a) $\mathfrak{n}_1 = \mathfrak{a}^0 = \begin{pmatrix} -\frac{4}{5} \\ \frac{3}{5} \end{pmatrix}$, $\mathfrak{n}_2 = \begin{pmatrix} \frac{3}{5} \\ \frac{4}{5} \end{pmatrix}$;

b) $\mathfrak{n}_1 = \mathfrak{a}^0 = \frac{1}{29}\sqrt{29}\begin{pmatrix} -2 \\ -5 \end{pmatrix}$, $\mathfrak{n}_2 = \frac{1}{29}\sqrt{29}\begin{pmatrix} 5 \\ -2 \end{pmatrix}$.

47. $\left\{\begin{pmatrix}1\\0\\0\\\vdots\\0\end{pmatrix}, \begin{pmatrix}0\\1\\0\\\vdots\\0\end{pmatrix}, \dots, \begin{pmatrix}0\\0\\0\\\vdots\\1\end{pmatrix}\right\}$.

48. $\mathfrak{v}\circ\mathfrak{b} = 0 \iff 3s - 12 + 12 = 0 \iff s = 0$

$\mathfrak{v}\circ\mathfrak{t} = 0 \wedge \mathfrak{b}\circ\mathfrak{t} = 0$

$$\iff \begin{cases} 3c_1 - 4c_2 + 12c_3 = 0 & \text{I} \\ \phantom{3c_1 - {}} 3c_2 + c_3 = 0 & \text{II} \end{cases}$$

Da $|\mathfrak{t}|$ beliebig ist, wählen wir z.B. $c_3 = 1 \Rightarrow c_2 = -\frac{1}{3},\ c_1 = -\frac{40}{9}$,

$$\text{also } \mathfrak{t}_1 = \begin{pmatrix}-\frac{40}{9}\\ -\frac{1}{3}\\ 1\end{pmatrix} \text{ oder } \mathfrak{t} = 9\cdot\mathfrak{t}_1 = \begin{pmatrix}-40\\-3\\9\end{pmatrix}$$

$$\mathfrak{n}_1 = \mathfrak{v}^0 = \frac{1}{13}\begin{pmatrix}3\\-4\\12\end{pmatrix},\ \mathfrak{n}_2 = \mathfrak{b}^0 = \frac{1}{10}\sqrt{10}\begin{pmatrix}0\\3\\1\end{pmatrix},\ \mathfrak{n}_3 = \mathfrak{t}^0 = \frac{1}{130}\sqrt{10}\begin{pmatrix}-40\\-3\\9\end{pmatrix}.$$

S.211 49.a) Zu zeigen ist nur: $\{\mathfrak{b}_1, \mathfrak{b}_2, \mathfrak{b}_3\}$ ist linear unabhängig.

b) $\mathfrak{n}_1 = \mathfrak{b}_1 = \begin{pmatrix}1\\1\\1\end{pmatrix}$

$$\mathfrak{n}_2 = \mathfrak{b}_2 + \alpha\cdot\mathfrak{b}_1 = \begin{pmatrix}0\\1\\1\end{pmatrix} + \alpha\begin{pmatrix}1\\1\\1\end{pmatrix}$$

$$\alpha = -\frac{\mathfrak{b}_2\circ\mathfrak{n}_1}{\mathfrak{n}_1\circ\mathfrak{n}_1} = -\frac{2}{3} \Rightarrow \mathfrak{n}_2 = \frac{1}{3}\begin{pmatrix}-2\\1\\1\end{pmatrix}$$

$$\mathfrak{n}_3 = \mathfrak{b}_3 + \beta\cdot\mathfrak{n}_1 + \gamma\cdot\mathfrak{n}_2 = \begin{pmatrix}0\\0\\1\end{pmatrix} + \beta\begin{pmatrix}1\\1\\1\end{pmatrix} + \gamma\frac{1}{3}\begin{pmatrix}-2\\1\\1\end{pmatrix}$$

$$\beta = -\frac{\mathfrak{b}_3\circ\mathfrak{n}_1}{\mathfrak{n}_1\circ\mathfrak{n}_1} = -\frac{1}{3},\ \gamma = -\frac{\mathfrak{b}_3\circ\mathfrak{n}_2}{\mathfrak{n}_2\circ\mathfrak{n}_2} = -\frac{1}{2} \Rightarrow \mathfrak{n}_3 = \frac{1}{2}\begin{pmatrix}0\\-1\\1\end{pmatrix};$$

Normieren ergibt die orthonormierte Basis

$$\left\{\frac{1}{3}\sqrt{3}\begin{pmatrix}1\\1\\1\end{pmatrix}, \frac{1}{6}\sqrt{6}\begin{pmatrix}-2\\1\\1\end{pmatrix}, \frac{1}{2}\sqrt{2}\begin{pmatrix}0\\-1\\1\end{pmatrix}\right\}.$$

50.a) $\mathfrak{v}\circ\mathfrak{b} = 25\cdot4\cdot5 + 3\cdot(-1)\cdot0 = 500$.

b) $\{\mathfrak{b}_1, \mathfrak{b}_2\}$ ist Basis, da linear unabhängig.

$\mathfrak{b}_1^2 = 225 \neq 1$; $\mathfrak{b}_2^2 = 28 \neq 1$; $\mathfrak{b}_1\circ\mathfrak{b}_2 = -75 \neq 0 \Rightarrow$ keine orthonorm. Basis.

SCHMIDT'sches Orthogonalisierungsverfahren:

$$\underline{n_1 = \begin{pmatrix}3\\0\end{pmatrix}}$$

$$n_2 = \begin{pmatrix}-1\\-1\end{pmatrix} + \alpha\cdot\begin{pmatrix}3\\0\end{pmatrix} \Big| \circ n_1, \quad n_1 \perp n_2$$

$$\alpha\left[\begin{pmatrix}3\\0\end{pmatrix}\begin{pmatrix}3\\0\end{pmatrix}\right] = -\left[\begin{pmatrix}-1\\-1\end{pmatrix}\begin{pmatrix}3\\0\end{pmatrix}\right] \Leftrightarrow 225 = 75 \Leftrightarrow \alpha = \frac{1}{3}$$

$$n_2 = \begin{pmatrix}-1\\-1\end{pmatrix} + \frac{1}{3}\begin{pmatrix}3\\0\end{pmatrix} = \begin{pmatrix}0\\-1\end{pmatrix}$$

$$\underline{n_2 = \begin{pmatrix}0\\-1\end{pmatrix}}$$

$$\underline{n_1^o = \frac{1}{\sqrt{225}}\begin{pmatrix}3\\0\end{pmatrix} = \frac{1}{15}\begin{pmatrix}3\\0\end{pmatrix}}, \quad \underline{n_2^o = \frac{1}{\sqrt{3}}\begin{pmatrix}0\\-1\end{pmatrix} = \frac{1}{3}\sqrt{3}\begin{pmatrix}0\\-1\end{pmatrix}}$$

c) $\begin{pmatrix}4\\-1\end{pmatrix} = a_{10}\cdot\frac{1}{15}\cdot\begin{pmatrix}3\\0\end{pmatrix} + a_{20}\cdot\frac{1}{3}\sqrt{3}\cdot\begin{pmatrix}0\\-1\end{pmatrix} \Rightarrow a_{10} = 20,\ a_{20} = \sqrt{3},\ \underline{v_o = \begin{pmatrix}20\\\sqrt{3}\end{pmatrix}}$

$\begin{pmatrix}5\\0\end{pmatrix} = b_{10}\cdot\frac{1}{15}\cdot\begin{pmatrix}3\\0\end{pmatrix} + b_{20}\cdot\frac{1}{3}\sqrt{3}\cdot\begin{pmatrix}0\\-1\end{pmatrix} \Rightarrow b_{10} = 25,\ b_{20} = 0,\ \underline{b_o = \begin{pmatrix}25\\0\end{pmatrix}}$

$$v_o \circ b_o = \begin{pmatrix}20\\3\end{pmatrix}\begin{pmatrix}25\\0\end{pmatrix} = \underline{500}.$$

51. Es gilt wegen

$$n_i = \begin{pmatrix}0\\\vdots\\1\\\vdots\\0\end{pmatrix} \leftarrow \text{i-te Stelle}$$

$$\vec{A} = \overrightarrow{OA} = a_1 n_1 + a_2 n_2 + \dots + a_n n_n = (\vec{A}\circ n_1)\cdot n_1 + (\vec{A}\circ n_2)\cdot n_2 + \dots$$
$$+ (\vec{A}\circ n_n)\cdot n_n = \vec{A}_{n_1} + \vec{A}_{n_2} + \dots + \vec{A}_{n_n}.$$

Entfernung zweier Punkte

52. $\vec{A} = \begin{pmatrix}-12\\6\\5\end{pmatrix},\ \vec{B} = \begin{pmatrix}13\\8\\15\end{pmatrix},\ \overline{AB} = |\overrightarrow{AB}| = |\vec{B} - \vec{A}| = \sqrt{25^2 + 2^2 + 10^2} = 27.$

53. $\overrightarrow{AB} = \vec{B} - \vec{A} = \begin{pmatrix}1,5\\-3,6\end{pmatrix},\ \overrightarrow{AC} = \vec{C} - \vec{A} = \begin{pmatrix}3\\-1,6\end{pmatrix},\ \overrightarrow{BC} = \vec{C} - \vec{B} = \begin{pmatrix}1,5\\2\end{pmatrix},$

$\overline{AB} = |\overrightarrow{AB}| = 3,9;\ \overline{AC} = |\overrightarrow{AC}| = 3,4;\ \overline{BC} = |\overrightarrow{BC}| = 2,5;$

$\alpha = \sphericalangle(\overrightarrow{AB},\overrightarrow{AC}):\ \cos\alpha = \frac{10,26}{3,9\cdot 3,4} \approx 0,7738 \Rightarrow \alpha \approx 0,6860;$

$\beta = \sphericalangle(\overrightarrow{BC},\overrightarrow{BA}):\ \cos\beta = \frac{4,95}{2,5\cdot 3,9} \approx 0,5077 \Rightarrow \beta \approx 1,0383;$

$\gamma = \sphericalangle(\overrightarrow{CA},\overrightarrow{CB}) = \sphericalangle(\overrightarrow{AC},\overrightarrow{BC}):\ \cos\gamma = \frac{1,3}{3,4\cdot 2,5} \approx 0,1529 \Rightarrow \gamma \approx 1,4173.$

Bemerkung: $\alpha + \beta + \gamma = \pi$.

54. $\vec{B} = \begin{pmatrix}1\\0\\1\end{pmatrix} + \lambda_B \begin{pmatrix}3\\4\\0\end{pmatrix}, \quad \vec{B} - \vec{A} = \begin{pmatrix}3\lambda_B\\4\lambda_B\\3\end{pmatrix}$

$5 = \overline{AB} = |\vec{AB}| = |\vec{B} - \vec{A}| = \sqrt{(3\lambda_B)^2 + (4\lambda_B)^2 + 3^2} = \sqrt{9\lambda_B^2 + 16\lambda_B^2 + 9}$

Quadrieren ergibt

$16 = 25\lambda_B^2$

$\lambda_{B,1} = \frac{4}{5}, \quad \lambda_{B,2} = -\frac{4}{5} \Longrightarrow B_1(\frac{17}{5}|\frac{16}{5}|1), \; B_2(-\frac{7}{5}|-\frac{16}{5}|1).$

55. $\vec{A}\circ\vec{B} = \vec{A}\circ\vec{C} = \vec{B}\circ\vec{C} = 0, \; \overline{OA} = |\vec{A}| = \overline{OB} = |\vec{B}| = = \overline{OC} = |\vec{C}| = 15,$

$V = |\vec{A}|^3 = 3375.$

56. $a_1 = -2, \; a_2 = 5, \; a_3 = 0 \Longrightarrow A(-2|5|0), \; \overline{AO} = |\vec{A}| = \sqrt{29} \approx 5,39.$

S.212 57. a) $\vec{C} = \begin{pmatrix}c_1\\0\end{pmatrix}, \; \overline{AB} = \overline{AC}$:

$\overline{AB} = |\vec{AB}| = |\vec{B} - \vec{A}| = 5$

$5 = |\vec{AC}| = |\vec{C} - \vec{A}| = \sqrt{c_1^2 + 1} \quad /(\;)^2$

$25 = c_1^2 + 1$

$c_{1,1} = 2\sqrt{6} \approx 4,90 \Longrightarrow C_1(2\sqrt{6}|0)$

(2. Lösung: $c_{1,2} = -2\sqrt{6} \approx -4,90 \Longrightarrow C_2(-2\sqrt{6}|0)$).

b) $\overline{BC_1} = |\vec{BC_1}| = |\vec{C_1} - \vec{B}| = \sqrt{\begin{pmatrix}2\sqrt{6}-3\\-5\end{pmatrix}^2} = \sqrt{58 - 12\sqrt{6}} \approx 5,35;$

$\alpha = \sphericalangle(\vec{C_1B}, \vec{C_1A}), \quad \gamma = \sphericalangle(\vec{AC_1}, \vec{AB}): \quad \cos\alpha = \frac{\vec{C_1B}\circ\vec{C_1A}}{|\vec{C_1B}||\vec{C_1A}|} =$

$= \frac{\begin{pmatrix}3-2\sqrt{6}\\5\end{pmatrix}\begin{pmatrix}-2\sqrt{6}\\1\end{pmatrix}}{\sqrt{58-12\sqrt{6}}\cdot 5} = \frac{29 - 6\sqrt{6}}{5\sqrt{58-12\sqrt{6}}} \approx 0,5348 \Longrightarrow \alpha \approx 1,0065;$

$\cos\gamma = \frac{\vec{AC_1}\circ\vec{AB}}{|\vec{AC_1}||\vec{AB}|} = \frac{\begin{pmatrix}2\sqrt{6}\\-1\end{pmatrix}\begin{pmatrix}3\\4\end{pmatrix}}{5\cdot 5} = \frac{6\sqrt{6} - 4}{25} \approx 0,4279 \Longrightarrow \gamma \approx 1,1287;$

$\beta = \alpha;$

Bemerkung: $\alpha + \beta + \gamma = \pi$.

58. $\vec{AB} = \begin{pmatrix}2\\4\\4\end{pmatrix}; \; \vec{AC} = \begin{pmatrix}-7\\4\\4\end{pmatrix}; \; \vec{BC} = \begin{pmatrix}-9\\0\\0\end{pmatrix}$

$w_\alpha: \vec{X} = \lambda'\left[\frac{1}{6}\begin{pmatrix}2\\4\\4\end{pmatrix} + \frac{1}{9}\begin{pmatrix}-7\\4\\4\end{pmatrix}\right] = \lambda\begin{pmatrix}-4\\10\\10\end{pmatrix}$

$$w_\beta: \vec{x} = \begin{pmatrix}2\\4\\4\end{pmatrix} + \mu'\left[\frac{1}{6}\begin{pmatrix}-2\\-4\\-4\end{pmatrix} + \frac{1}{9}\begin{pmatrix}-9\\0\\0\end{pmatrix}\right] = \begin{pmatrix}2\\4\\4\end{pmatrix} + \mu\begin{pmatrix}-8\\-4\\-4\end{pmatrix}$$

$$w_\gamma: \vec{x} = \begin{pmatrix}-7\\4\\4\end{pmatrix} + \nu'\left[\frac{1}{9}\begin{pmatrix}7\\-4\\-4\end{pmatrix} + \frac{1}{9}\begin{pmatrix}9\\0\\0\end{pmatrix}\right] = \begin{pmatrix}-7\\4\\4\end{pmatrix} + \nu\begin{pmatrix}16\\-4\\-4\end{pmatrix}$$

$$w_\alpha \cap w_\beta: \quad \begin{aligned} -4\lambda + 8\mu &= 2 \\ 10\lambda + 4\mu &= 4 \\ 10\lambda + 4\mu &= 4 \end{aligned} \quad \Rightarrow \lambda = \frac{1}{4},\ \mu = \frac{3}{8}$$

$w_\alpha \cap w_\beta = \{S\}: S(-1|\frac{5}{2}|\frac{5}{2})$;
$S \in w_\gamma$ (für $\nu = \frac{3}{8}$) $\Rightarrow w_\alpha \cap w_\beta \cap w_\gamma = \{S\}$.

Probe:

$$w_\beta \cap w_\gamma: \quad \begin{aligned} -8\mu - 16\nu &= -9 \\ -4\mu + 4\nu &= 0 \end{aligned} \quad \Rightarrow \mu = \nu = \frac{3}{8}$$

$w_\beta \cap w_\gamma = \{S_1\}: S_1(-1|\frac{5}{2}|\frac{5}{2})$, $S_1 = S$.

59. $\vec{A} = \begin{pmatrix}1\\2\end{pmatrix} + \mu_A\begin{pmatrix}2\\1\end{pmatrix}$, $\vec{B} = \begin{pmatrix}1\\2\end{pmatrix} + \nu_B\begin{pmatrix}1\\-2\end{pmatrix}$

Mit $\lambda = (AB,T) = \frac{2}{3}$ gilt: $\vec{T} = \dfrac{\vec{A} + \lambda\cdot\vec{B}}{1+\lambda} \Rightarrow$

$$\frac{5}{3}\begin{pmatrix}5\\0\end{pmatrix} = \begin{pmatrix}1\\2\end{pmatrix} + \mu_A\begin{pmatrix}2\\1\end{pmatrix} + \frac{2}{3}\left[\begin{pmatrix}1\\2\end{pmatrix} + \nu_B\begin{pmatrix}1\\-2\end{pmatrix}\right] \Leftrightarrow$$

$$2\mu_A + \frac{2}{3}\nu_B = \frac{20}{3} \qquad \text{I}$$

$$\mu_A - \frac{4}{3}\nu_B = -\frac{10}{3} \qquad \text{II}$$

$2\cdot$I + II: $5\mu_A = 10 \Rightarrow \mu_A = 2,\ \nu_B = 4 \Rightarrow A(5|4),\ B(5|-6)$,

$\overline{AB} = |\overrightarrow{AB}| \doteq |\vec{B} - \vec{A}| = \sqrt{\begin{pmatrix}0\\-10\end{pmatrix}^2} = 10.$

60. $\overline{AB} = \sqrt{(\vec{B} - \vec{A})^2} \geq 0$;

$\overline{AB} = |\overrightarrow{AB}| = 0 \underset{4.1,\text{Satz}2}{\Leftrightarrow} \overrightarrow{AB} = \vec{B} - \vec{A} = \vec{o} \Rightarrow \vec{A} = \vec{B}$, also $A = B$;

$\overline{AB} = |\overrightarrow{AB}| = \sqrt{(\vec{B} - \vec{A})^2} = \sqrt{(\vec{A} - \vec{B})^2} = |\overrightarrow{BA}| = \overline{BA}$;

Dreiecksungleichung:

Es gelte: $\overrightarrow{AC} + \overrightarrow{CB} = \overrightarrow{AB}$

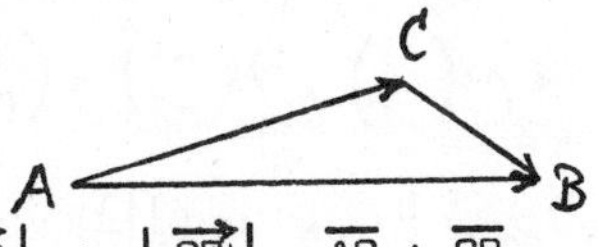

Mit 4.3, Satz 3 folgt

$\overline{AB} = |\overrightarrow{AB}| = |\overrightarrow{AC} + \overrightarrow{CB}| \leq |\overrightarrow{AC}| + |\overrightarrow{CB}| = \overline{AC} + \overline{CB}$.

61.a) $A \in E$, $\vec{u} \circ \vec{v} = 0$, $|\vec{u}| = 1$, $|\vec{v}| = 1$,
also $\{\vec{u}, \vec{v}\}$ orthonormierte Basis des entsprechenden Vektorraumes und $[A; \vec{u}, \vec{v}]$ kartesisches Koordinatensystem in E.

b) 1. Koordinatendarstellung bzgl. $[A; \vec{u}, \vec{v}]$:

$$\vec{P} = \begin{pmatrix} 1 \\ -2 \end{pmatrix}, \quad \vec{Q} = \begin{pmatrix} -4 \\ 10 \end{pmatrix}, \quad \overline{PQ} = |\overrightarrow{PQ}| = |\vec{Q} - \vec{P}| = \sqrt{\begin{pmatrix} -5 \\ 12 \end{pmatrix}^2} = 13;$$

2. Koordinatendarstellung bzgl. $[O; \vec{n}_1, \vec{n}_2, \vec{n}_3]$:

$$\vec{P} = \begin{pmatrix} 1 \\ 3 \\ 0 \end{pmatrix} + \begin{pmatrix} \frac{4}{5} \\ \frac{3}{5} \\ 0 \end{pmatrix} - 2\begin{pmatrix} -\frac{3}{5} \\ \frac{4}{5} \\ 0 \end{pmatrix} = \begin{pmatrix} 3 \\ 2 \\ 0 \end{pmatrix},$$

$$\vec{Q} = \begin{pmatrix} 1 \\ 3 \\ 0 \end{pmatrix} - 4\begin{pmatrix} \frac{4}{5} \\ \frac{3}{5} \\ 0 \end{pmatrix} + 10\begin{pmatrix} -\frac{3}{5} \\ \frac{4}{5} \\ 0 \end{pmatrix} = \begin{pmatrix} -\frac{41}{5} \\ \frac{43}{5} \\ 0 \end{pmatrix}$$

$$\overline{PQ} = |\overrightarrow{PQ}| = |\vec{Q} - \vec{P}| = \sqrt{\begin{pmatrix} -\frac{56}{5} \\ \frac{33}{5} \\ 0 \end{pmatrix}^2} = \sqrt{\frac{3136}{25} + \frac{1089}{25}} = 13.$$

62. $\overline{AB} = |\overrightarrow{AB}| = |\vec{B} - \vec{A}| = \sqrt{\begin{pmatrix} 1 \\ 0 \end{pmatrix}^2} = 1, \ \overline{AC} = 1, \ \overline{BC} = |\overrightarrow{BC}| = |\vec{C} - \vec{B}| = \sqrt{\begin{pmatrix} -1 \\ 1 \end{pmatrix}^2} = \sqrt{2};$

Mittelpunkt von $[AB]$:

$$\vec{M} = \frac{\vec{A} + \vec{B}}{2} = \begin{pmatrix} \frac{1}{2} \\ 0 \end{pmatrix};$$

Länge von s_c:

$$\overline{CM} = |\overrightarrow{CM}| = |\vec{M} - \vec{C}| = \sqrt{\begin{pmatrix} \frac{1}{2} \\ -1 \end{pmatrix}^2} = \frac{1}{2}\sqrt{5};$$

Richtungsvektor $\vec{u}$ der Höhe h_a:

$$h_a \perp BC \Rightarrow \vec{u} \circ \overrightarrow{BC} = 0 \underset{\text{z.B.}}{\Rightarrow} \vec{u} = \begin{pmatrix} -1 \\ -1 \end{pmatrix};$$

$$h_a: \ \vec{X} = \begin{pmatrix} 0 \\ 0 \end{pmatrix} + \lambda\begin{pmatrix} -1 \\ -1 \end{pmatrix};$$

Schnitt mit BC ergibt Höhenfußpunkt H_a:

$$BC: \ \vec{X} = \begin{pmatrix} 1 \\ 0 \end{pmatrix} + \mu\begin{pmatrix} -1 \\ 1 \end{pmatrix}, \quad \lambda\begin{pmatrix} -1 \\ -1 \end{pmatrix} = \begin{pmatrix} 1 \\ 0 \end{pmatrix} + \mu\begin{pmatrix} -1 \\ 1 \end{pmatrix} \Leftrightarrow \begin{cases} -\lambda + \mu = 1 \\ -\lambda - \mu = 0 \end{cases}$$

$$\Rightarrow \lambda = -\frac{1}{2}, \ \mu = \frac{1}{2} \Rightarrow H_a\left(\tfrac{1}{2}\middle|\tfrac{1}{2}\right);$$

$$\overline{AH_a} = |\overrightarrow{AH_a}| = |\vec{H}_a - \vec{A}| = \sqrt{\begin{pmatrix} \frac{1}{2} \\ \frac{1}{2} \end{pmatrix}^2} = \frac{1}{2}\sqrt{2};$$

Richtungsvektor $\vec{v}$ der Höhe h_c:

$$h_c \perp AB \Rightarrow \vec{v} \circ \overrightarrow{AB} = 0 \underset{\text{z.B.}}{\Rightarrow} \vec{v} = \begin{pmatrix} 0 \\ 1 \end{pmatrix};$$

$$h_c: \ \vec{x} = \begin{pmatrix} 0 \\ 1 \end{pmatrix} + \lambda \begin{pmatrix} 0 \\ 1 \end{pmatrix};$$

Schnitt mit AB ergibt Höhenfußpunkt H_c:

$$AB: \ \vec{x} = \begin{pmatrix} 0 \\ 0 \end{pmatrix} + \mu \begin{pmatrix} 1 \\ 0 \end{pmatrix}, \ \begin{pmatrix} 0 \\ 1 \end{pmatrix} + \lambda \begin{pmatrix} 0 \\ 1 \end{pmatrix} = \mu \begin{pmatrix} 1 \\ 0 \end{pmatrix} \Rightarrow \begin{matrix} \mu = 0 \\ \lambda = -1 \end{matrix}$$

$\Rightarrow H_c(0|0)$, d.h. $H_c = A$.

$\overline{CH_c} = \overline{AC} = 1.$

Bemerkung: Vergleiche das Ergebnis im gewöhnlichen rechtwinkligen kartesischen Koordinatensystem.

Vermischte Aufgaben

63.a) $$\vec{Q} = \begin{pmatrix} 3 \\ 1 \\ 1 \end{pmatrix} + \lambda_Q \begin{pmatrix} 0 \\ 1 \\ 2 \end{pmatrix}, \ \overrightarrow{PQ} = \vec{Q} - \vec{P} = \begin{pmatrix} 2 \\ 2+\lambda_Q \\ 2\lambda_Q \end{pmatrix};$$

$\overrightarrow{PQ} \perp g$:

$$\begin{pmatrix} 2 \\ 2+\lambda_Q \\ 2\lambda_Q \end{pmatrix} \begin{pmatrix} 0 \\ 1 \\ 2 \end{pmatrix} = 0 \Leftrightarrow 2 + \lambda_Q + 4\lambda_Q = 0 \Leftrightarrow \lambda_Q = -\frac{2}{5} \Rightarrow$$

$Q(3|\frac{3}{5}|\frac{1}{5})$;

b) $$QP: \ \vec{x} = \begin{pmatrix} 1 \\ -1 \\ 1 \end{pmatrix} + \mu \begin{pmatrix} 2 \\ \frac{8}{5} \\ -\frac{4}{5} \end{pmatrix};$$

c) $$\overline{PQ} = |\overrightarrow{PQ}| = \sqrt{4 + \frac{64}{25} + \frac{16}{25}} = \frac{6\sqrt{5}}{5} \approx 2{,}68;$$

d)

$$\vec{P_1} = \vec{Q} + \overrightarrow{PQ} = \begin{pmatrix} 5 \\ \frac{11}{5} \\ -\frac{3}{5} \end{pmatrix}, \ P_1(5|\tfrac{11}{5}|-\tfrac{3}{5}) \text{ oder : } \vec{P_1} = \vec{P} + 2\overrightarrow{PQ}.$$

S.21 64.a) $$\overline{AC} = |\overrightarrow{AC}| = |\vec{C} - \vec{A}| = \sqrt{\begin{pmatrix} -3 \\ 11 \end{pmatrix}^2} = \sqrt{130},$$

$$\overline{BC} = |\overrightarrow{BC}| = |\vec{C} - \vec{B}| = \sqrt{\begin{pmatrix} -9 \\ 7 \end{pmatrix}^2} = \sqrt{130}, \text{ also } \overline{AC} = \overline{BC};$$

b) M sei Mittelpunkt der Seite AB:

$$\vec{M} = \frac{\vec{A} + \vec{B}}{2} = \begin{pmatrix} 1 \\ -4 \end{pmatrix};$$

s_c: $\vec{X} = \vec{C} + \lambda\cdot(\vec{M} - \vec{C}) = \begin{pmatrix}-5\\5\end{pmatrix} + \lambda\begin{pmatrix}6\\-9\end{pmatrix}$;

$\overrightarrow{AB} = \vec{B} - \vec{A} = \begin{pmatrix}6\\4\end{pmatrix}$, wegen $(\vec{B} - \vec{A})\circ(\vec{M} - \vec{C}) = \begin{pmatrix}6\\4\end{pmatrix}\begin{pmatrix}6\\-9\end{pmatrix} = 0$ folgt:

$s_c \perp AB$, d.h. s_c ist zugleich Höhe h_c.

c)

$\alpha = \sphericalangle(\overrightarrow{AB},\overrightarrow{AC})$, $\beta = \sphericalangle(\overrightarrow{BC},\overrightarrow{BA})$: $\cos\alpha = \dfrac{\begin{pmatrix}6\\4\end{pmatrix}\begin{pmatrix}-3\\11\end{pmatrix}}{2\sqrt{13}\sqrt{130}} = \frac{1}{10}\sqrt{10} \approx 0{,}3162$

$\Rightarrow \alpha \approx 1{,}2490$;

$$\cos\beta = \frac{\begin{pmatrix}-9\\7\end{pmatrix}\begin{pmatrix}-6\\-4\end{pmatrix}}{\sqrt{130}\cdot 2\cdot\sqrt{13}} = \frac{26}{2\cdot 13\sqrt{10}} = \frac{1}{10}\sqrt{10} \Rightarrow \beta = \alpha.$$

65.a) $\overline{AO} = 6$, $\overline{AB} = |\overrightarrow{AB}| = |\vec{B} - \vec{A}| = \sqrt{\begin{pmatrix}6\\8\end{pmatrix}^2} = 10$, $\overline{OC}:\overline{CB} = \lambda_C = \frac{6}{10} = \frac{3}{5}$,

$$\vec{C} = \frac{\vec{O} + \lambda_C\vec{B}}{1 + \lambda_C} = \frac{\frac{3}{5}\begin{pmatrix}0\\8\end{pmatrix}}{\frac{8}{5}} = \begin{pmatrix}0\\3\end{pmatrix} \Rightarrow C(0|3);$$

b) $\alpha_1 = \sphericalangle OAC = \sphericalangle(\overrightarrow{AO},\overrightarrow{AC})$, $\alpha_2 = \sphericalangle CAB = \sphericalangle(\overrightarrow{AC},\overrightarrow{AB})$:

$$\cos\alpha_1 = \frac{\begin{pmatrix}6\\0\end{pmatrix}\begin{pmatrix}6\\3\end{pmatrix}}{6\cdot 3\sqrt{5}} = \frac{2}{5}\sqrt{5},\quad \cos\alpha_2 = \frac{\begin{pmatrix}6\\3\end{pmatrix}\begin{pmatrix}6\\8\end{pmatrix}}{3\sqrt{5}\cdot 10} = \frac{2}{5}\sqrt{5} \Rightarrow \alpha_1 = \alpha_2,$$

d.h. AC ist Winkelhalbierende;

c) $\lambda_D = -\lambda_C$: $\overrightarrow{BC} = \frac{5}{3}\cdot\overrightarrow{CO} \Rightarrow \lambda_C = \frac{5}{3}$, $\lambda_D = -\frac{5}{3}$

$$\vec{D} = \frac{\vec{B} + \lambda_D\vec{O}}{1 + \lambda_D} = \frac{\begin{pmatrix}0\\8\end{pmatrix}}{-\frac{2}{3}} = \begin{pmatrix}0\\-12\end{pmatrix},\ \overrightarrow{AD} = \begin{pmatrix}6\\-12\end{pmatrix},\ \overrightarrow{AC} = \begin{pmatrix}6\\3\end{pmatrix},$$

$\overrightarrow{AD}\bullet\overrightarrow{AC} = \begin{pmatrix}6\\-12\end{pmatrix}\begin{pmatrix}6\\3\end{pmatrix} = 0$, also $AD \perp AC$.

66.a) $\overrightarrow{AB} = \vec{B} - \vec{A} = \begin{pmatrix}6\\6\end{pmatrix}$, $\overrightarrow{BC} = \vec{C} - \vec{B} = \begin{pmatrix}-6\\4\end{pmatrix}$, $\overrightarrow{AC} = \vec{C} - \vec{A} = \begin{pmatrix}0\\10\end{pmatrix}$;

Mittelpunkte der Seiten:

$\vec{M}_a = \dfrac{\vec{B} + \vec{C}}{2} = \begin{pmatrix}1\\5\end{pmatrix}$, $\vec{M}_b = \dfrac{\vec{A} + \vec{C}}{2} = \begin{pmatrix}-2\\2\end{pmatrix}$, $\vec{M}_c = \dfrac{\vec{A} + \vec{B}}{2} = \begin{pmatrix}1\\0\end{pmatrix}$;

Richtungsvektoren der Mittelsenkrechten:

z.B.: $\vec{u}_a = \begin{pmatrix}-4\\-6\end{pmatrix}$, $\vec{u}_b = \begin{pmatrix}-10\\0\end{pmatrix}$, $\vec{u}_c = \begin{pmatrix}-6\\6\end{pmatrix} \Rightarrow$

m_a: $\vec{X} = \begin{pmatrix}1\\5\end{pmatrix} + \lambda\begin{pmatrix}-4\\-6\end{pmatrix}$, m_b: $\vec{X} = \begin{pmatrix}-2\\2\end{pmatrix} + \mu\begin{pmatrix}-10\\0\end{pmatrix}$,

m_c: $\vec{X} = \begin{pmatrix}1\\0\end{pmatrix} + \nu\begin{pmatrix}-6\\6\end{pmatrix}$;

b) $m_b \cap m_c = \{M\}$:

$$\binom{-2}{2} + \mu_M\binom{-10}{0} = \binom{1}{0} + \nu_M\binom{-6}{6} \Leftrightarrow \begin{cases} -10\mu_M + 6\nu_M = 3 \\ \quad - 6\nu_M = -2 \end{cases}$$

$$\Rightarrow \nu_M = \frac{1}{3},\ \mu_M = -\frac{1}{10} \Rightarrow M(-1|2);$$

$M \in m_a$:

$$\binom{-1}{2} = \binom{1}{5} + \lambda_M\binom{-4}{-6},\ 4\lambda_M = 2 \Rightarrow \lambda_M = \frac{1}{2},\ 6\lambda_M = 3 \text{ wird erfüllt}$$

$\Rightarrow M \in m_a$;

c) $\overline{MA} = \sqrt{\binom{-1}{-5}^2} = \sqrt{26},\ \overline{MB} = \sqrt{\binom{5}{1}^2} = \sqrt{26},\ \overline{MC} = \sqrt{\binom{-1}{5}^2} = \sqrt{26},$

also $\overline{MA} = \overline{MB} = \overline{MC}$.

67.a) E: $\vec{x} = \vec{A} + \lambda\cdot(\vec{B} - \vec{A}) + \mu\cdot(\vec{C} - \vec{A}) = \begin{pmatrix}-3\\-4\\1\end{pmatrix} + \lambda\begin{pmatrix}3\\4\\0\end{pmatrix} + \mu\begin{pmatrix}9\\12\\2\end{pmatrix}$;

b) $$\begin{pmatrix}3\\4\\2\end{pmatrix} = \begin{pmatrix}-3\\-4\\1\end{pmatrix} + \lambda_P\begin{pmatrix}3\\4\\0\end{pmatrix} + \mu_P\begin{pmatrix}9\\12\\2\end{pmatrix} \Leftrightarrow \begin{cases} 3\lambda_P + 9\mu_P = 6 & \text{I} \\ 4\lambda_P + 12\mu_P = 8 & \text{II} \\ 2\mu_P = 1 & \text{III} \end{cases}$$

III $\Rightarrow \mu_P = \frac{1}{2}$, eingesetzt in II $\Rightarrow \lambda_P = \frac{1}{2}$, I ist ebenfalls erfüllt

$\Rightarrow P \in E$;

c) g: $\vec{x} = \vec{B} + \lambda_1\cdot\vec{u} = \begin{pmatrix}0\\0\\1\end{pmatrix} + \lambda_1\begin{pmatrix}3\\4\\0\end{pmatrix}$;

d) Richtungsvektor von h:

$$\vec{v} = \lambda_0\begin{pmatrix}3\\4\\0\end{pmatrix} + \mu_0\begin{pmatrix}9\\12\\2\end{pmatrix}$$

Es muß gelten

$$\left[\lambda_0\begin{pmatrix}3\\4\\0\end{pmatrix} + \mu_0\begin{pmatrix}9\\12\\2\end{pmatrix}\right]\circ\begin{pmatrix}3\\4\\0\end{pmatrix} = 0 \Leftrightarrow 25\lambda_0 + 75\mu_0 = 0 \Leftrightarrow$$

$\lambda_0 = -3\mu_0$, z.B.: $\mu_0 = 1$, $\lambda_0 = -3$;

$$\vec{v} = \lambda_0\begin{pmatrix}3\\4\\0\end{pmatrix} + \mu_0\begin{pmatrix}9\\12\\2\end{pmatrix} = \begin{pmatrix}0\\0\\2\end{pmatrix},$$

h: $\vec{x} = \vec{B} + \mu_1\cdot\vec{v} = \begin{pmatrix}0\\0\\1\end{pmatrix} + \mu_1\begin{pmatrix}0\\0\\2\end{pmatrix}$;

e) Kartesisches Koordinatensystem $[B;\ \vec{u}^0,\ \vec{v}^0]$ mit

$$\mathfrak{u}^0 = \begin{pmatrix} \frac{3}{5} \\ \frac{4}{5} \\ 0 \end{pmatrix}, \quad \mathfrak{v}^0 = \begin{pmatrix} 0 \\ 0 \\ 1 \end{pmatrix};$$

$$\vec{P} = \begin{pmatrix} 3 \\ 4 \\ 2 \end{pmatrix} = \begin{pmatrix} 0 \\ 0 \\ 1 \end{pmatrix} + t_1 \begin{pmatrix} \frac{3}{5} \\ \frac{4}{5} \\ 0 \end{pmatrix} + t_2 \begin{pmatrix} 0 \\ 0 \\ 1 \end{pmatrix} \implies \frac{3}{5}t_1 = 3 \implies t_1 = 5$$

($\frac{4}{5}t_1 = 4$ wird von $t_1 = 5$ erfüllt), $t_2 = 1$

$\implies$ Darstellung von P im kartesischen Koordinatensystem $[B; \mathfrak{u}^0, \mathfrak{v}^0]$:

$\vec{P} = \begin{pmatrix} 5 \\ 1 \end{pmatrix}$, P(5|1).

5 Das Vektorprodukt zweier Vektoren im Vektorraum $\mathbb{V}$ der reellen Tripel

S.216 1. $(\mathfrak{a} \times \mathfrak{b}) \circ \mathfrak{a} = (a_2b_3 - a_3b_2)a_1 + (a_3b_1 - a_1b_3)a_2 + (a_1b_2 - a_2b_1)a_3 = 0$

$(\mathfrak{a} \times \mathfrak{b}) \circ \mathfrak{b} = (a_2b_3 - a_3b_2)b_1 + (a_3b_1 - a_1b_3)b_2 + (a_1b_2 - a_2b_1)b_3 = 0.$

2. Durch Ausrechnen läßt sich zeigen:

Für alle $\mathfrak{a}, \mathfrak{b}, \mathfrak{c}$ aus dem Vektorraum der reellen Tripel und alle $r \in \mathbb{R}$

gilt: $\mathfrak{a} \times (\mathfrak{b} + \mathfrak{c}) = \mathfrak{a} \times \mathfrak{b} + \mathfrak{a} \times \mathfrak{c}$

$(r \cdot \mathfrak{a}) \times \mathfrak{b} = \mathfrak{a} \times (r \cdot \mathfrak{b}) = r \cdot (\mathfrak{a} \times \mathfrak{b})$

aber: $\mathfrak{a} \times \mathfrak{b} = -(\mathfrak{b} \times \mathfrak{a})$

$\mathfrak{a} \times \mathfrak{a} = \mathfrak{o}.$

S1 und S4 gelten also nicht.

3. $$(\mathfrak{a} \times \mathfrak{b}) \times \mathfrak{c} = \begin{pmatrix} 7 \\ 3 \\ 12 \end{pmatrix} \times \begin{pmatrix} -5 \\ -3 \\ 0 \end{pmatrix} = \begin{pmatrix} 36 \\ -60 \\ -6 \end{pmatrix}, \quad \mathfrak{a} \times (\mathfrak{b} \times \mathfrak{c}) = \begin{pmatrix} 3 \\ 1 \\ -2 \end{pmatrix} \times \begin{pmatrix} -3 \\ 5 \\ 20 \end{pmatrix} = \begin{pmatrix} 30 \\ -54 \\ 18 \end{pmatrix}$$

Das Assoziativgesetz gilt nicht. Es handelt sich um keine Gruppe.

4. $$\mathfrak{n}_1 \times \mathfrak{n}_2 = \begin{pmatrix} 0 \\ 0 \\ 1 \end{pmatrix} = \mathfrak{n}_3, \quad \mathfrak{n}_2 \times \mathfrak{n}_3 = \begin{pmatrix} 1 \\ 0 \\ 0 \end{pmatrix} = \mathfrak{n}_1, \quad \mathfrak{n}_3 \times \mathfrak{n}_1 = \begin{pmatrix} 0 \\ 1 \\ 0 \end{pmatrix} = \mathfrak{n}_2.$$

S.217 5a) "$\implies$": $\mathfrak{b} = \lambda \cdot \mathfrak{a} \implies \mathfrak{a} \times \mathfrak{b} = (\mathfrak{a} \times \lambda \mathfrak{a}) \underset{\text{(vgl. Aufg. 2)}}{=} \lambda \cdot (\mathfrak{a} \times \mathfrak{a}) = \lambda \cdot \mathfrak{o} = \mathfrak{o}$

"$\impliedby$": $$\mathfrak{a} \times \mathfrak{b} = \mathfrak{o} \iff \begin{vmatrix} a_2 & b_2 \\ a_3 & b_3 \end{vmatrix} = 0 \wedge \begin{vmatrix} a_1 & b_1 \\ a_3 & b_3 \end{vmatrix} = 0 \wedge \begin{vmatrix} a_1 & b_1 \\ a_2 & b_2 \end{vmatrix} = 0$$

$$\underset{\text{(IV.4.2)}}{\iff} \begin{pmatrix} a_2 \\ a_3 \end{pmatrix} = \lambda \begin{pmatrix} b_2 \\ b_3 \end{pmatrix} \wedge \begin{pmatrix} a_1 \\ a_3 \end{pmatrix} = \mu \begin{pmatrix} b_1 \\ b_3 \end{pmatrix} \wedge \begin{pmatrix} a_1 \\ a_2 \end{pmatrix} = \nu \begin{pmatrix} b_1 \\ b_2 \end{pmatrix} \implies \lambda = \mu = \nu,$$

also $\begin{pmatrix} a_1 \\ a_2 \\ a_3 \end{pmatrix} = \lambda \begin{pmatrix} b_1 \\ b_2 \\ b_3 \end{pmatrix}$

b) "$\Longrightarrow$": $\mathfrak{a}, \mathfrak{b}$ linear unabhängig:

Annahme: Es gibt $(\lambda|\mu|\nu) \neq (0|0|0)$ mit $\lambda\cdot\mathfrak{a} + \mu\cdot\mathfrak{b} + \nu\cdot(\mathfrak{a}\times\mathfrak{b}) = \mathfrak{o}$

Multiplizieren wir beide Seiten mit $\mathfrak{a}\times\mathfrak{b}$, so erhalten wir wegen $(\mathfrak{a}\times\mathfrak{b})\circ\mathfrak{a} = 0$ und $(\mathfrak{a}\times\mathfrak{b})\circ\mathfrak{b} = 0$ (vgl. Aufg. 1):

$$\nu\cdot(\mathfrak{a}\times\mathfrak{b})^2 = 0.$$

Da $\mathfrak{a}\times\mathfrak{b} \neq \mathfrak{o}$ (vgl. a)) folgt $\nu = 0$ und damit $\lambda\cdot\mathfrak{a} + \mu\cdot\mathfrak{b} = \mathfrak{o}$ mit $(\lambda|\mu) \neq (0|0)$. Widerspruch.

"$\Longleftarrow$": $\mathfrak{a}, \mathfrak{b}, \mathfrak{a}\times\mathfrak{b}$ linear unabhängig:

Annahme: $\mathfrak{a}, \mathfrak{b}$ linear abhängig $\underset{(a))}{\Longrightarrow}$ $\mathfrak{a}\times\mathfrak{b} = \mathfrak{o}$. Widerspruch.

6. $(\mathfrak{a}\circ\mathfrak{b})^2 = (-12 - 6 - 10)^2 = (-28)^2 = 784$

$$|\mathfrak{a}\times\mathfrak{b}|^2 = \left|\begin{pmatrix}-11\\-14\\1\end{pmatrix}\right|^2 = 121 + 196 + 1 = 318$$

$$(|\mathfrak{a}|\cdot|\mathfrak{b}|)^2 = |\mathfrak{a}|^2\cdot|\mathfrak{b}|^2 = (9 + 4 + 25)\cdot(16 + 9 + 4) = 38\cdot 29 = 1102$$

$784 + 318 = 1102.$

7. Lotvektor: $\mathfrak{n} = \begin{pmatrix}1\\1\\0\end{pmatrix} \times \begin{pmatrix}0\\-1\\1\end{pmatrix} = \begin{pmatrix}1\\-1\\-1\end{pmatrix}$

orthogonale Projektion von $A, B \in g$ auf E:

z.B. $A(2|5|1)$, $B(3|2|6)$ ($\lambda = 1$):

$$l_A:\ \vec{x} = \begin{pmatrix}2\\5\\1\end{pmatrix} + \sigma\begin{pmatrix}1\\-1\\-1\end{pmatrix},\quad l_B:\ \vec{x} = \begin{pmatrix}3\\2\\6\end{pmatrix} + \tau\begin{pmatrix}1\\-1\\-1\end{pmatrix}$$

$l_A \cap E = \{A'\}$, $A'(4|3|-1)$; $l_B \cap E = \{B'\}$, $B'(\frac{16}{3}|-\frac{1}{3}|\frac{11}{3})$;

$$g':\ \vec{x} = \begin{pmatrix}4\\3\\-1\end{pmatrix} + \lambda'\begin{pmatrix}\frac{4}{3}\\-\frac{10}{3}\\\frac{14}{3}\end{pmatrix} = \begin{pmatrix}4\\3\\-1\end{pmatrix} + \lambda\begin{pmatrix}4\\-10\\14\end{pmatrix}.$$

8.a) $g \not\parallel h \wedge g \cap h = \{\ \}$ $\Longrightarrow$ g und h sind windschief

b) $\mathfrak{n} = \begin{pmatrix}3\\8\\-4\end{pmatrix} \times \begin{pmatrix}0\\1\\0\end{pmatrix} = \begin{pmatrix}4\\0\\3\end{pmatrix}$

c)

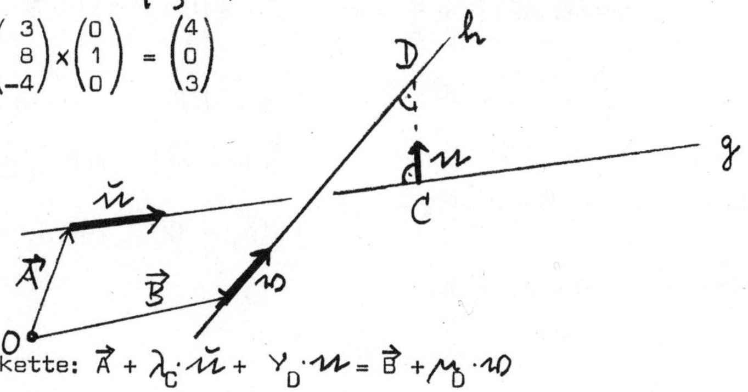

Vektorkette: $\vec{A} + \lambda_C\cdot\mathfrak{u} + \nu_D\cdot\mathfrak{n} = \vec{B} + \mu_D\cdot\mathfrak{w}$

$$\begin{pmatrix}4\\5\\-3\end{pmatrix} + \lambda_C \begin{pmatrix}3\\8\\-4\end{pmatrix} + \nu_D \begin{pmatrix}4\\0\\3\end{pmatrix} = \begin{pmatrix}2\\7\\-4\end{pmatrix} + \mu_D \begin{pmatrix}0\\1\\0\end{pmatrix}$$

1. Möglichkeit: Lösen des Gleichungssystems – Berechnen von C und D:

$$\left.\begin{array}{llr} 3\lambda_C + 4\nu_D & & = -2 \\ 8\lambda_C & -\mu_D & = 2 \\ -4\lambda_C + 3\nu_D & & = -1 \end{array}\right\} \Rightarrow \lambda_C = -\frac{2}{25},\ \mu_D = -\frac{66}{25},\ \nu_D = -\frac{11}{25};$$

$C\left(\frac{94}{25}\middle|\frac{109}{25}\middle|-\frac{67}{25}\right)$, $D\left(2\middle|\frac{109}{25}\middle|-4\right)$

$$d = |\overrightarrow{CD}| = \sqrt{\left(\frac{-44}{25}\right)^2 + \left(\frac{-33}{25}\right)^2} = 2{,}2$$

2. Möglichkeit: Multiplikation mit $\vec{n}$ – Berechnen von $|\nu_D \cdot \vec{n}|$:

$$\begin{pmatrix}4\\5\\-3\end{pmatrix}\circ\begin{pmatrix}4\\0\\3\end{pmatrix} + \nu_D \begin{pmatrix}4\\0\\3\end{pmatrix}\circ\begin{pmatrix}4\\0\\3\end{pmatrix} = \begin{pmatrix}2\\7\\-4\end{pmatrix}\circ\begin{pmatrix}4\\0\\3\end{pmatrix} \Leftrightarrow 7 + \nu_D \cdot 25 = -4$$

$$\nu_D = -\frac{11}{25},\quad d = |\nu_D \cdot \vec{n}| = \left|\begin{pmatrix}-\frac{44}{25}\\0\\-\frac{33}{25}\end{pmatrix}\right| = 2{,}2.$$

9. $$\vec{a} = \overrightarrow{AB} = \vec{B} - \vec{A} = \begin{pmatrix}2\\1\\2\end{pmatrix},\quad \vec{b} = \overrightarrow{AC} = \vec{C} - \vec{A} = \begin{pmatrix}0\\0\\1\end{pmatrix}$$

$$A_{ABC} = \frac{1}{2}|\vec{a}\times\vec{b}| = \frac{1}{2}\left|\begin{pmatrix}1\\-2\\0\end{pmatrix}\right| = \frac{1}{2}\sqrt{5}.$$

10.a) $$\overrightarrow{AB} = \begin{pmatrix}2\\2\\-1\end{pmatrix},\ \overrightarrow{AC} = \begin{pmatrix}5\\-1\\-1\end{pmatrix},\ \overrightarrow{AD} = \begin{pmatrix}12\\0\\-3\end{pmatrix},\ \det(\overrightarrow{AB}, \overrightarrow{AC}, \overrightarrow{AD}) = 0.$$

b) $$A_{ABCD} = A_{ABD} + A_{BCD} = \frac{1}{2}(|\overrightarrow{AB}\times\overrightarrow{AD}| + |\overrightarrow{BC}\times\overrightarrow{BD}|) = \frac{1}{2}\left(\left|\begin{pmatrix}-6\\-6\\-24\end{pmatrix}\right| + \left|\begin{pmatrix}6\\6\\24\end{pmatrix}\right|\right) \approx$$

$\approx 25{,}5.$

11.a) $$\vec{a} = \overrightarrow{AB} = \begin{pmatrix}2\\-3\end{pmatrix},\quad \vec{b} = \overrightarrow{AC} = \begin{pmatrix}-3\\3\end{pmatrix}$$

$$A_{ABC} = \frac{1}{2}|\det(\vec{a},\vec{b})| = \frac{3}{2} \text{ oder } A_{ABC} = \frac{1}{2}\left|\begin{pmatrix}2\\-3\\0\end{pmatrix}\times\begin{pmatrix}-3\\3\\0\end{pmatrix}\right| = \frac{3}{2}$$ (Einbettung in $\mathbb{R}^3$)

b) $$\vec{a} = \overrightarrow{PQ} = \begin{pmatrix}5-p_1\\1\end{pmatrix},\quad \vec{b} = \overrightarrow{PR} = \begin{pmatrix}-2-p_1\\2\end{pmatrix}$$

$$10 = \frac{1}{2}|\det(\vec{a},\vec{b})| = \frac{1}{2}|12 - p_1| = \begin{cases}\frac{1}{2}(12 - p_1) & \text{für } p_1 \leq 12\\ \frac{1}{2}(p_1 - 12) & \text{für } p_1 > 12\end{cases}$$

Also: $p_1 = -8 \vee p_1 = 32.$

12.a) $\mathfrak{t}\circ\mathfrak{a} = 0,\ \mathfrak{t}\circ\mathfrak{b} = 0;$

b) $\varphi = \sphericalangle(\mathfrak{a},\mathfrak{b})$: $\cos\varphi = \dfrac{\mathfrak{a}\circ\mathfrak{b}}{|\mathfrak{a}||\mathfrak{b}|}$

$$\sin\varphi = \sqrt{1 - (\cos\varphi)^2} = \sqrt{1 - \left(\frac{\mathfrak{a}\circ\mathfrak{b}}{|\mathfrak{a}||\mathfrak{b}|}\right)^2} =$$

$$= \frac{1}{|\mathfrak{a}||\mathfrak{b}|}\sqrt{|\mathfrak{a}|^2\,|\mathfrak{b}|^2 - (\mathfrak{a}\circ\mathfrak{b})^2},\ \text{also}$$

$$|\mathfrak{a}||\mathfrak{b}|\sin\varphi = \sqrt{|\mathfrak{a}|^2\,|\mathfrak{b}|^2 - (\mathfrak{a}\circ\mathfrak{b})^2} = \sqrt{50\cdot 9 - 441} = 3 = |\mathfrak{t}|;$$

13.a) $[A;\mathfrak{u},\mathfrak{v}]$ ist ein kartesisches Koordinatensystem in E, denn es gilt: $\{\mathfrak{u},\mathfrak{v}\}$ linear unabhängig, $\mathfrak{u}^2 = \mathfrak{v}^2 = 1$ und $\mathfrak{u}\circ\mathfrak{v} = 0$. Also sind λ und μ kartesische Koordinaten in E.

b) Ortsvektoren der Eckpunkte:

$$\vec{A} = \begin{pmatrix}2\\1\\1\end{pmatrix},\ \vec{B} = \begin{pmatrix}1\\1\\3\end{pmatrix},\ \vec{C} = \begin{pmatrix}3{,}8\\1\\3{,}4\end{pmatrix}$$

Das Dreieck wird aufgespannt von $\mathfrak{a} = \overrightarrow{AB} = \vec{B} - \vec{A} = \begin{pmatrix}-1\\0\\2\end{pmatrix}$ und

$$\mathfrak{b} = \overrightarrow{AC} = \vec{C} - \vec{A} = \begin{pmatrix}1{,}8\\0\\2{,}4\end{pmatrix},\ \text{also}$$

$$A_{ABC} = \frac{1}{2}|\mathfrak{a}\times\mathfrak{b}| = \frac{1}{2}\left|\begin{pmatrix}0\\6\\0\end{pmatrix}\right| = 3$$

oder wegen $\frac{1}{2}|\mathfrak{a}\times\mathfrak{b}| = \frac{1}{2}\sqrt{|\mathfrak{a}|^2\cdot|\mathfrak{b}|^2 - (\mathfrak{a}\circ\mathfrak{b})^2}$ (vgl. S. 51 (*))

$$A_{ABC} = \frac{1}{2}\sqrt{5\cdot 9 - 9} = 3.$$

S.218 c) Koordinatendarstellung der Ortsvektoren der Eckpunkte bezogen auf das Koordinatensystem $[A;\mathfrak{u},\mathfrak{v}]$:

$$\vec{A} = \begin{pmatrix}0\\0\end{pmatrix},\ \vec{B} = \begin{pmatrix}1\\2\end{pmatrix},\ \vec{C} = \begin{pmatrix}3\\0\end{pmatrix};$$

Das Dreieck wird aufgespannt von $\mathfrak{a} = \vec{B}$ und $\mathfrak{b} = \vec{C}$, also

$$A_{ABC} = \frac{1}{2}|\mathfrak{a}_1\times\mathfrak{b}_1| \underset{(\text{Einbettg. in } \mathbb{R}^3)}{=} \frac{1}{2}\left|\begin{pmatrix}1\\2\\0\end{pmatrix}\times\begin{pmatrix}3\\0\\0\end{pmatrix}\right| = \frac{1}{2}\left|\begin{pmatrix}0\\0\\-6\end{pmatrix}\right| = 3$$

oder $A_{ABC} = \frac{1}{2}\sqrt{5\cdot 9 - 9} = 3$

oder $A_{ABC} = \frac{1}{2}|\det(\mathfrak{a},\mathfrak{b})| = 3.$

14.a) Es ist $V = A\cdot h = |\mathfrak{a}\times\mathfrak{b}|\cdot|\mathfrak{c}|\cdot\cos\varphi$, wobei $A = |\mathfrak{a}\times\mathfrak{b}|$ die Grundfläche, φ der Winkel zwischen $\mathfrak{c}$ und dem Lotvektor $\mathfrak{a}\times\mathfrak{b}$ und $h = |\mathfrak{c}|\cdot\cos\varphi$ die Höhe des Parallelflachs ist.

b) $$(\mathfrak{a}\times\mathfrak{b})\circ\mathfrak{c} = \begin{vmatrix} a_2 & b_2 \\ a_3 & b_3 \end{vmatrix} c_1 - \begin{vmatrix} a_1 & b_1 \\ a_3 & b_3 \end{vmatrix} c_2 + \begin{vmatrix} a_1 & b_1 \\ a_2 & b_2 \end{vmatrix} c_3 = \begin{vmatrix} a_1 & b_1 & c_1 \\ a_2 & b_2 & c_2 \\ a_3 & b_3 & c_3 \end{vmatrix}$$

c) $$V = \begin{vmatrix} 4 & 3 & 6 \\ 7 & 5 & 0 \\ -1 & 2 & 1 \end{vmatrix} = 113, \quad A = |\mathfrak{a}\times\mathfrak{b}| = \left|\begin{pmatrix} 19 \\ -11 \\ -1 \end{pmatrix}\right| = \sqrt{483} \approx 22.$$

6 HESSEform der Geraden- und Ebenengleichung

6.1 Normalenform einer Geradengleichung

S.224 1.a) $\frac{3}{5}x_1 - \frac{4}{5}x_2 - 3 = 0;$

b) $-\frac{1}{2}\sqrt{2}x_1 - \frac{1}{2}\sqrt{2}x_2 - \frac{1}{2}\sqrt{2} = 0;$

c) $\pm x_1 = 0;$

d) $\dfrac{mx_1 - x_2 + s_2}{\pm\sqrt{m^2+1}} = 0;$

e) z.B.: $x_1 = 1 + 12\lambda$ I

$x_2 = 1 + 5\lambda$ II

$5\cdot\text{I} - 12\cdot\text{II}$: $5x_1 - 12x_2 + 7 = 0$

HNF: $-\frac{5}{13}x_1 + \frac{12}{13}x_2 - \frac{7}{13} = 0.$

2.a) g_H: $-\frac{12}{13}x_1 + \frac{5}{13}x_2 - \frac{37}{13} = 0$; $d = g_H(A) = -\frac{59}{13}$, O und A liegen auf derselben Seite von g.

b) Richtungsvektor des Lotes: $\mathfrak{n} = \begin{pmatrix} 12 \\ -5 \end{pmatrix}$;

l: $\vec{x} = \begin{pmatrix} 1 \\ -2 \end{pmatrix} + \lambda\begin{pmatrix} 12 \\ -5 \end{pmatrix}$;

c) $g \cap l = \{F\}$:

$\left.\begin{array}{l} x_1 = 1 + 12\lambda \\ x_2 = -2 - 5\lambda \end{array}\right\}$ eingesetzt in g: $144\lambda + 25\lambda + 59 = 0 \iff$

$\lambda = -\frac{59}{169} \implies F(-\frac{539}{169} | -\frac{43}{169})$;

d) $\overline{AF} = |\overrightarrow{AF}| = |d| = \frac{59}{13}$.

3. Vorbemerkung:

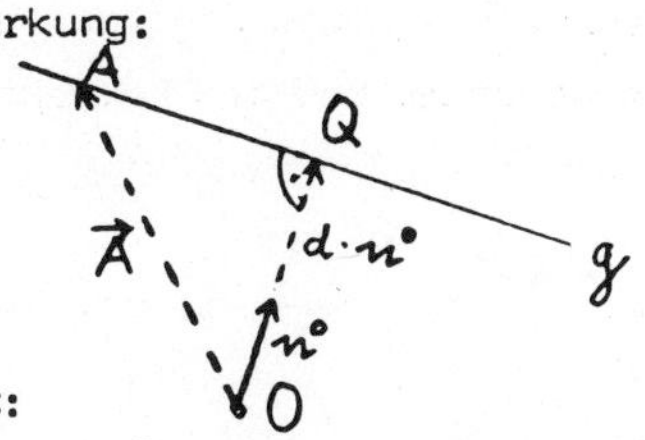

Da in der HNF n^0 immer in die Halbebene zeigt, in der O nicht liegt (also vom Ursprung weg), gilt hier immer $d \geq 0$.

Es gilt:

$$\left.\begin{array}{l} \overrightarrow{OQ} = \vec{Q} = d \cdot n^0 \\ n^0 \circ (\vec{Q} - \vec{A}) = 0 \end{array}\right\} \Longrightarrow d = n^0 \circ \vec{A}$$

Also gilt die Formel

$$d = |n^0 \circ (\vec{O} - \vec{A})|.$$

g_H: $\frac{3}{5}x_1 + \frac{4}{5}x_2 - \frac{12}{5} = 0$; g_{1H}: $\frac{3}{5}x_1 + \frac{4}{5}x_2 - \frac{24}{5} = 0$;

g_{2H}: $-\frac{3}{5}x_1 - \frac{4}{5}x_2 - \frac{24}{5} = 0$; $g_3 = g$;

$d_g(0) = d_{g_3}(0) = \left|-\frac{12}{5}\right| = 2,4$; $d_{g_1}(0) = \left|-\frac{24}{5}\right| = 4,8$;

$d_{g_2}(0) = \left|-\frac{24}{5}\right| = 4,8$;

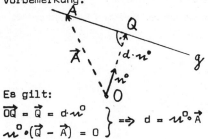

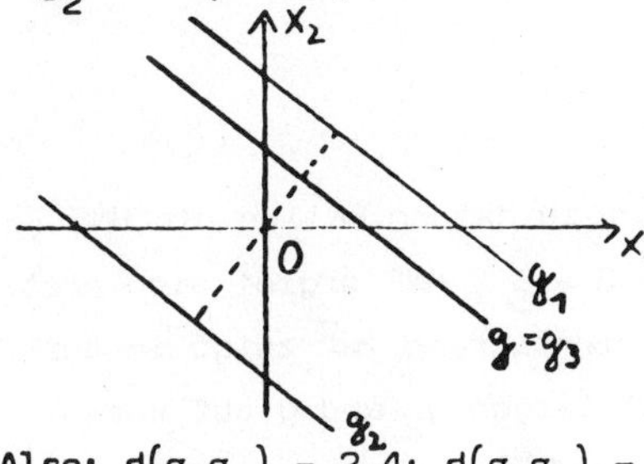

Da in der HNF n^0 immer vom Ursprung weg zeigt, folgt schon aus $n^0_{g_{2H}} = -n^0_{g_{1H}}$, daß g_1 und g_2 auf verschiedenen Seiten von O liegen.

Also: $d(g,g_1) = 2,4$; $d(g,g_2) = 7,2$; $d(g,g_3) = 0$.

4. Vorbemerkung: Offensichtlich gilt

$$g \parallel h \iff \{n_g, n_h\} \text{ linear abhängig}$$

oder

$$g \parallel h \iff n^0_g = \pm n^0_h .$$

Wir benützen hier o.B.d.A.

$$n_h = n_g = \begin{pmatrix} 3 \\ -5 \end{pmatrix}:$$

h: $n_g \circ (\vec{X} - \vec{A}) = 0 \iff \begin{pmatrix} 3 \\ -5 \end{pmatrix} \circ \left[\vec{X} - \begin{pmatrix} 3 \\ -4 \end{pmatrix}\right] = 0 \iff 3x_1 - 5x_2 - 29 = 0.$

5. $\overline{OP} = 13$, $n = \overrightarrow{OP} = \begin{pmatrix} -12 \\ 5 \end{pmatrix}$, $\vec{A} = \vec{P}$;

g: $n \circ (\vec{X} - \vec{A}) = 0 \iff \begin{pmatrix} -12 \\ 5 \end{pmatrix} \circ \left[\vec{X} - \begin{pmatrix} -12 \\ 5 \end{pmatrix}\right] = 0 \iff$

$-12x_1 + 5x_2 - 169 = 0.$

6. $g_H: -\frac{3}{5}x_1 - \frac{4}{5}x_2 - \frac{12}{5} = 0,$

$d_g(0) = \left|-\frac{12}{5}\right| = 2{,}4$

$d_{g_1}(0) = 2{,}4 + 2 = 4{,}4 = \frac{22}{5}, \; n^o_{g_1} = n^o_g$

$d_{g_2}(0) = |2{,}4 - 2| = 0{,}4 = \frac{2}{5}, \; n^o_{g_2} = n^o_g$

Damit:

$g_{1H}: -\frac{3}{5}x_1 - \frac{4}{5}x_2 - \frac{22}{5} = 0; \; g_{2H}: -\frac{3}{5}x_1 - \frac{4}{5}x_2 - \frac{2}{5} = 0;$

$g_1: 3x_1 + 4x_2 + 22 = 0; \; g_2: 3x_1 + 4x_2 + 2 = 0.$

Bemerkung: 1. Es gilt $n^o_{g_1} = n^o_{g_2} = n^o_g$, da in der HNF n^o immer in die Halbebene zeigt, in der 0 nicht liegt, und g, g_1 und g_2 aufgrund der gegebenen Abstände auf derselben Seite von 0 liegen.

2. Man erhält also die Gleichungen von g_1 und g_2 durch Verändern des konstanten Gliedes in der Gleichung von g_H:

$$-\frac{12}{5} - 2 = -\frac{22}{5},$$

$$-\frac{12}{5} + 2 = -\frac{2}{5}.$$

Dabei muß sich nicht unbedingt wieder in beiden Fällen die HNF ergeben (z.B. mit 3 statt 2: $-\frac{12}{5} + 3 = \frac{3}{5}$, HNF ergibt sich erst durch Multiplikation mit (−1) ($\hat{=}$ Orientierung: n^o zeigt in der HNF vom Ursprung weg: in diesem Fall liegen g_2 und g auf verschiedenen Seiten von 0, also $n^o_{g_2} = -n^o_g$).

7. $g_H: -\frac{3}{5}x_1 + \frac{4}{5}x_2 - \frac{3}{5} = 0;$

$P \in h \Rightarrow P(p_1|p_1+2), \; |d_g(P)| = 1:$

$\left|-\frac{3}{5}p_1 + \frac{4}{5}(p_1+2) - \frac{3}{5}\right| = 1 \Leftrightarrow \left|\frac{1}{5}p_1 + 1\right| = 1 \Leftrightarrow$

$\left(\frac{1}{5}p_1 + 1 = 1 \vee \frac{1}{5}p_1 + 1 = -1\right)$

$\Rightarrow p_{1,1} = 0, \; p_{1,2} = -10$, also $P_1(0|2)$, $P_2(-10|-8)$.

8. $g_H: -\frac{4}{5}x_1 + \frac{3}{5}x_2 - \frac{8}{5} = 0, \; h_H: \pm(\frac{3}{5}x_1 + \frac{4}{5}x_2) = 0, \; P(p_1|p_2),$

$|d_g(P)| = |d_h(P)| = 7:$

$\left|-\frac{4}{5}p_1 + \frac{3}{5}p_2 - \frac{8}{5}\right| = 7 \wedge \left|\frac{3}{5}p_1 + \frac{4}{5}p_2\right| = 7$

$$\left(-\frac{4}{5}p_1 + \frac{3}{5}p_2 - \frac{8}{5} = 7 \vee -\frac{4}{5}p_1 + \frac{3}{5}p_2 - \frac{8}{5} = -7\right) \wedge \left(\frac{3}{5}p_1 + \frac{4}{5}p_2 = 7 \vee \frac{3}{5}p_1 + \frac{4}{5}p_2 = -7\right)$$

1. Fall: $\left.\begin{array}{l} -\frac{4}{5}p_1 + \frac{3}{5}p_2 = \frac{43}{5} \\ \frac{3}{5}p_1 + \frac{4}{5}p_2 = 7 \end{array}\right\} \Longrightarrow p_1 = -\frac{67}{25},\ p_2 = \frac{269}{25},$

$P_1\left(-\frac{67}{25}\middle|\frac{269}{25}\right);$

2. Fall: $\left.\begin{array}{l} -4p_1 + 3p_2 = 43 \\ 3p_1 + 4p_2 = -35 \end{array}\right\} \Longrightarrow p_1 = -\frac{277}{25},\ p_2 = -\frac{11}{25},$

$P_2\left(-\frac{277}{25}\middle|-\frac{11}{25}\right);$

3. Fall: $\left.\begin{array}{l} -4p_1 + 3p_2 = -27 \\ 3p_1 + 4p_2 = 35 \end{array}\right\} \Longrightarrow p_1 = \frac{213}{25},\ p_2 = \frac{59}{25},$

$P_3\left(\frac{213}{25}\middle|\frac{59}{25}\right);$

4. Fall: $\left.\begin{array}{l} -4p_1 + 3p_2 = -27 \\ 3p_1 + 4p_2 = -35 \end{array}\right\} \Longrightarrow p_1 = \frac{3}{25},\ p_2 = -\frac{221}{25},$

$P_4\left(\frac{3}{25}\middle|-\frac{221}{25}\right);$

Andere Möglichkeit:

Die gesuchten Punkte liegen auf den Winkelhalbierenden w_1 oder w_2:

w_1: $g_H + h_H = 0 \iff -\frac{1}{5}x_1 + \frac{7}{5}x_2 - \frac{8}{5} = 0$

w_2: $g_H - h_H = 0 \iff -\frac{7}{5}x_1 - \frac{1}{5}x_2 - \frac{8}{5} = 0,$

also gilt für $P(p_1|p_2)$:

$-p_1 + 7p_2 - 8 = 0 \vee -7p_1 - p_2 - 8 = 0$

außerdem z.B.:

$\frac{3}{5}p_1 + \frac{4}{5}p_2 = 7 \vee \frac{3}{5}p_1 + \frac{4}{5}p_2 = -7.$

9.a) AB: Richtungsvektor $\vec{u} = \begin{pmatrix} 5 \\ -4 \end{pmatrix}$, also

$\vec{x} = \begin{pmatrix} 2 \\ 1 \end{pmatrix} + \lambda \begin{pmatrix} 5 \\ -4 \end{pmatrix} \iff 4x_1 + 5x_2 - 13 = 0;$

oder:

$\vec{n} = \begin{pmatrix} 4 \\ 5 \end{pmatrix}$, $\vec{A} = \begin{pmatrix} 2 \\ 1 \end{pmatrix}$: $\vec{n} \circ (\vec{X} - \vec{A}) = 0 \iff \begin{pmatrix} 4 \\ 5 \end{pmatrix} \circ \left[\vec{X} - \begin{pmatrix} 2 \\ 1 \end{pmatrix}\right] = 0 \iff$

$4x_1 + 5x_2 - 13 = 0;$

AC: $\vec{n} = \begin{pmatrix}-4\\3\end{pmatrix}$, $\vec{A} = \begin{pmatrix}2\\1\end{pmatrix}$: $\vec{n}\circ(\vec{X} - \vec{A}) = 0 \iff \begin{pmatrix}-4\\3\end{pmatrix}\circ\left[\vec{X} - \begin{pmatrix}2\\1\end{pmatrix}\right] = 0 \iff$

$-4x_1 + 3x_2 + 5 = 0;$

b) $\{B\} = h_b \cap AB$:

$$\left.\begin{aligned} 3x_1 + 4x_2 &= 11 \\ 4x_1 + 5x_2 &= 13 \end{aligned}\right\} \Rightarrow \quad x_1 = -3,\ x_2 = 5,\ B(-3|5);$$

$\{C\} = h_c \cap AC$:

$$\left.\begin{aligned} 5x_1 - 4x_2 &= 7 \\ -4x_1 + 3x_2 &= -5 \end{aligned}\right\} \Rightarrow x_1 = -1,\ x_2 = -3,\ C(-1|-3);$$

BC: $\vec{X} = \begin{pmatrix}-3\\5\end{pmatrix} + \lambda\begin{pmatrix}2\\-8\end{pmatrix} \iff 4x_1 + x_2 + 7 = 0.$

10.a) g_H: $\frac{1}{2}\sqrt{2}\,x_1 + \frac{1}{2}\sqrt{2}\,x_2 - \sqrt{2} = 0$, h_H: $-\frac{7}{10}\sqrt{2}\,x_1 - \frac{1}{10}\sqrt{2}\,x_2 - \frac{7}{10}\sqrt{2} = 0$,

w_1: $g_H + h_H = 0 \iff -\frac{2}{10}\sqrt{2}\,x_1 + \frac{4}{10}\sqrt{2}\,x_2 - \frac{17}{10}\sqrt{2} = 0 \iff$

$-2x_1 + 4x_2 - 17 = 0,$

w_2: $g_H - h_H = 0 \iff \frac{12}{10}\sqrt{2}\,x_1 + \frac{6}{10}\sqrt{2}\,x_2 - \frac{3}{10}\sqrt{2} = 0 \iff$

$4x_1 + 2x_2 - 1 = 0;$

b) g_o: $g_H + \lambda h_H = 0$

$$\left.\begin{aligned} \lambda &= -\frac{g_H(P)}{h_H(P)} = -\frac{d_1}{d_2} \\ d_2 &= \pm 3d_1 \end{aligned}\right\} \Rightarrow \quad \lambda = \mp\frac{1}{3}$$

g_{o1}: $g_H - \frac{1}{3}h_H = 0 \iff 3g_H - h_H = 0 \iff$

$\frac{22}{10}\sqrt{2}\,x_1 + \frac{16}{10}\sqrt{2}\,x_2 - \frac{23}{10}\sqrt{2} = 0 \iff 22x_1 + 16x_2 - 23 = 0;$

g_{o2}: $g_H + \frac{1}{3}h_H = 0 \iff 3g_H + h_H = 0 \iff$

$-\frac{8}{10}\sqrt{2}\,x_1 + \frac{14}{10}\sqrt{2}\,x_2 - \frac{37}{10}\sqrt{2} = 0 \iff 8x_1 + 14x_2 - 37 = 0.$

S.225 11. $n_1x_1 + n_2x_2 + n_o = 0 \iff \vec{n}\circ(\vec{X} - \vec{A}) = 0$

Bedingung: $-\vec{n}\circ\vec{A} = n_o < 0 \iff \vec{n}\circ\vec{A} > 0$

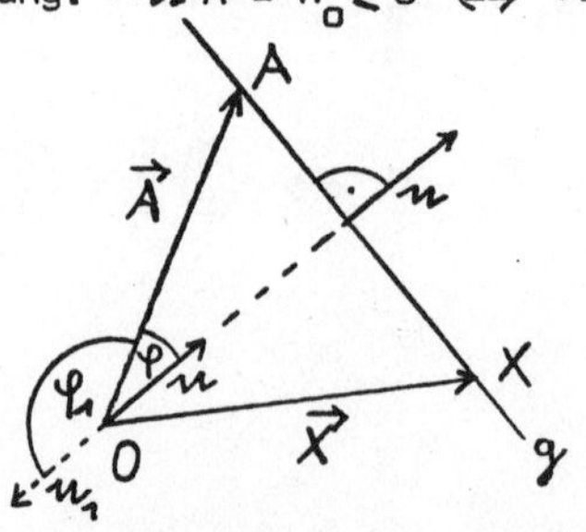

$\vec{n}\circ\vec{A} = |\vec{n}||\vec{A}|\cos\varphi > 0$

$\Rightarrow \cos\varphi > 0 \Rightarrow 0 \le \varphi < \frac{\pi}{2}$

Für φ_1 gilt: $\frac{\pi}{2} < \varphi_1 \le \pi$ und

$\cos\varphi_1 < 0$, also $\vec{n}_1\circ\vec{A} < 0 \iff$

$-\vec{n}_1\circ\vec{A} > 0.$

12.

$$\det(\breve{\mathfrak{u}},\mathfrak{u}) = \begin{vmatrix} u_1 & -u_2 \\ u_2 & u_1 \end{vmatrix} = u_1^2 + u_2^2 > 0 \text{ für } \breve{\mathfrak{u}} \neq \mathfrak{o} \ ;$$

$$\det(\breve{\mathfrak{u}},\mathfrak{u}_1) = \begin{vmatrix} u_1 & u_2 \\ u_2 & -u_1 \end{vmatrix} = -(u_1^2 + u_2^2) < 0 \text{ für } \breve{\mathfrak{u}} \neq \mathfrak{o};$$

$\Rightarrow$ $\mathfrak{u}_1$ entsteht aus $\breve{\mathfrak{u}}$ durch Drehung im mathematisch negativen Sinn.

13.

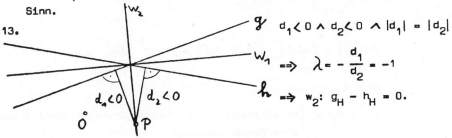

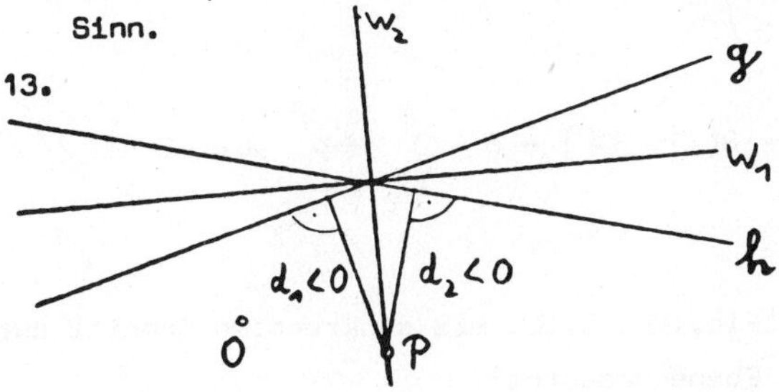

$d_1 < 0 \wedge d_2 < 0 \wedge |d_1| = |d_2|$

$\Rightarrow \lambda = -\dfrac{d_1}{d_2} = -1$

$\Rightarrow w_2\colon g_H - h_H = 0.$

14. $$f(\lambda) = d^2(\lambda) = \left[\vec{P} - (\vec{A} + \lambda\cdot\breve{\mathfrak{u}})\right]^2 = \left[(\vec{P} - \vec{A}) - \lambda\breve{\mathfrak{u}}\right]^2 =$$

$$= (\vec{P} - \vec{A})^2 - 2\lambda\left[\breve{\mathfrak{u}}\circ(\vec{P} - \vec{A})\right] + \lambda^2\breve{\mathfrak{u}}^2 ,$$

$$\frac{df}{d\lambda} = f'(\lambda) = -2\left[\breve{\mathfrak{u}}\circ(\vec{P} - \vec{A})\right] + 2\lambda\breve{\mathfrak{u}}^2 = 0 \quad \Rightarrow \quad \lambda_{min} = \frac{\breve{\mathfrak{u}}\circ(\vec{P} - \vec{A})}{\breve{\mathfrak{u}}^2}$$

$$f''(\lambda) = 2\breve{\mathfrak{u}}^2 > 0 \quad \Rightarrow \text{ Minimum}$$

Also:

$$d_{min} = d(\lambda_{min}) = \sqrt{(\vec{P} - \vec{A})^2 - 2\frac{\left[\breve{\mathfrak{u}}\circ(\vec{P} - \vec{A})\right]^2}{\breve{\mathfrak{u}}^2} + \frac{\left[\breve{\mathfrak{u}}\circ(\vec{P} - \vec{A})\right]^2\breve{\mathfrak{u}}^2}{(\breve{\mathfrak{u}}^2)^2}} =$$

$$= \sqrt{(\vec{P} - \vec{A})^2 - \frac{\left[\breve{\mathfrak{u}}\circ(\vec{P} - \vec{A})\right]^2}{\breve{\mathfrak{u}}^2}} =$$

$$= \sqrt{\frac{(u_1^2+u_2^2)\left[(p_1-a_1)^2 + (p_2-a_2)^2\right] - \left[u_1(p_1-a_1) + u_2(p_2-a_2)\right]^2}{u_1^2 + u_2^2}} =$$

$$= \sqrt{\frac{u_1^2(p_2-a_2)^2 + u_2^2(p_1-a_1)^2 - 2u_1u_2(p_1-a_1)(p_2-a_2)}{u_1^2 + u_2^2}} =$$

$$= \sqrt{\left[\frac{1}{\sqrt{(-u_2)^2+u_1^2}}\begin{pmatrix}-u_2\\ u_1\end{pmatrix}\circ(\vec{P} - \vec{A})\right]^2} = |\mathfrak{u}^0\cdot(\vec{P} - \vec{A})|.$$

6.2 Normalenform einer Ebenengleichung

S.228 1.

Richtungsvektor $\vec{v} = \vec{n}_E = \begin{pmatrix}3\\-2\\1\end{pmatrix}$, g: $\vec{x} = \begin{pmatrix}3\\3\\-5\end{pmatrix} + \lambda\begin{pmatrix}3\\-2\\1\end{pmatrix}$.

2.a) $\bar{A}$ ist der Schnittpunkt des Lotes l von A auf E

l: $\vec{x} = \begin{pmatrix}11\\5\\-16\end{pmatrix} + \lambda\begin{pmatrix}2\\1\\-3\end{pmatrix}$

$l \cap E$:

$2(11+2\lambda) + (5+\lambda) - 3(-16-3\lambda) - 5 = 0 \iff \lambda = -5$

$\Rightarrow \bar{A}(1|0|-1)$;

Andere Möglichkeit:

$\vec{\bar{A}} = \vec{A} - d_A \cdot \vec{n}^0$ (vgl. Fig. 23 , S. 58, als senkrechten Schnitt durch eine Ebene gedeutet)

E_H: $\frac{2}{14}\sqrt{14}\, x_1 + \frac{1}{14}\sqrt{14}\, x_2 - \frac{3}{14}\sqrt{14}\, x_3 - \frac{5}{14}\sqrt{14} = 0$

$\Rightarrow d_A = 5\sqrt{14},\ \vec{n}^0 = \frac{1}{14}\sqrt{14}\begin{pmatrix}2\\1\\-3\end{pmatrix}$

$\Rightarrow \vec{\bar{A}} = \begin{pmatrix}11\\5\\-16\end{pmatrix} - 5\sqrt{14}\cdot\frac{1}{14}\sqrt{14}\begin{pmatrix}2\\1\\-3\end{pmatrix} = \begin{pmatrix}1\\0\\-1\end{pmatrix}$;

b) $\vec{A'} = \vec{A} - 2d_A \cdot \vec{n}^0 = \begin{pmatrix}11\\5\\-16\end{pmatrix} - 10\begin{pmatrix}2\\1\\-3\end{pmatrix} = \begin{pmatrix}-9\\-5\\14\end{pmatrix}$, A'(-9|-5|14).

3.a) $g \cap E = \{A\}$:

$2(1+2\lambda) + (-1+5\lambda) - 2(2-\lambda) - 4 = 0 \iff \lambda = \frac{7}{11}$,

$\Rightarrow A(\frac{25}{11}|\frac{24}{11}|\frac{15}{11})$;

Wir berechnen den Spiegelpunkt B' zu beliebigem Punkt $B \in g$, $B \neq A$, z.B. B(3|4|1):

$\vec{B'} = \vec{B} - 2d_B \cdot \vec{n}^0$

E_H: $\frac{2}{3}x_1 + \frac{1}{3}x_2 - \frac{2}{3}x_3 - \frac{4}{3} = 0$, $d_B = \frac{4}{3}$, $\vec{n}^0 = \frac{1}{3}\begin{pmatrix}2\\1\\-2\end{pmatrix}$,

$\vec{B'} = \begin{pmatrix}3\\4\\1\end{pmatrix} - 2\cdot\frac{4}{3}\cdot\frac{1}{3}\begin{pmatrix}2\\1\\-2\end{pmatrix} = \begin{pmatrix}\frac{11}{9}\\\frac{28}{9}\\\frac{25}{9}\end{pmatrix}$, A = A';

$$g' = A'B':\quad \vec{x} = \begin{pmatrix} \frac{25}{11} \\ \frac{24}{11} \\ \frac{15}{11} \end{pmatrix} + \lambda \begin{pmatrix} -\frac{104}{99} \\ \frac{92}{99} \\ \frac{140}{99} \end{pmatrix};$$

b) Wir berechnen den Spiegelpunkt A' zu beliebigem Punkt $A \in g$, z.B. $A(1|-1|2)$:

$$d_A = -\frac{7}{3}$$

$$\vec{A}' = \vec{A} - 2d_A \cdot \vec{n}^{\,0} = \begin{pmatrix} 1 \\ -1 \\ 2 \end{pmatrix} + 2\cdot\frac{7}{3}\cdot\frac{1}{3}\begin{pmatrix} 2 \\ 1 \\ -2 \end{pmatrix} = \begin{pmatrix} \frac{37}{9} \\ \frac{5}{9} \\ -\frac{10}{9} \end{pmatrix},\quad \vec{u}' = \vec{u}$$

$$g':\quad \vec{x} = \begin{pmatrix} \frac{37}{9} \\ \frac{5}{9} \\ -\frac{10}{9} \end{pmatrix} + \lambda \begin{pmatrix} 1 \\ 0 \\ 1 \end{pmatrix}.$$

4.a) 1. Möglichkeit: Direkter Nachweis

Einerseits ist

$$E:\quad (\vec{u}\times\vec{v})\circ(\vec{X}-\vec{A}) = \begin{pmatrix} u_2v_3-u_3v_2 \\ u_3v_1-u_1v_3 \\ u_1v_2-u_2v_1 \end{pmatrix}\begin{pmatrix} x_1-a_1 \\ x_2-a_2 \\ x_3-a_3 \end{pmatrix} =$$

$$= (x_1-a_1)(u_2v_3-u_3v_2) + (x_2-a_2)(u_3v_1-u_1v_3) + (x_3-a_3)(u_1v_2-u_2v_1) = 0,$$

andererseits ist

$$E:\quad \vec{x} = \begin{pmatrix} a_1 \\ a_2 \\ a_3 \end{pmatrix} + \lambda\begin{pmatrix} u_1 \\ u_2 \\ u_3 \end{pmatrix} + \mu\begin{pmatrix} v_1 \\ v_2 \\ v_3 \end{pmatrix} \quad\Leftrightarrow\quad \begin{aligned} x_1-a_1 &= \lambda u_1 + \mu v_1 \quad \text{I} \\ x_2-a_2 &= \lambda u_2 + \mu v_2 \quad \text{II} \\ x_3-a_3 &= \lambda u_3 + \mu v_3 \quad \text{III} \end{aligned}$$

Eliminieren von λ und μ (für $u_1 \neq 0$):

$u_2\cdot\text{I} - u_1\cdot\text{II}$: $(x_1-a_1)u_2 - (x_2-a_2)u_1 = \mu(u_2v_1-u_1v_2)$ IV

$u_3\text{II} - u_2\text{III}$: $(x_2-a_2)u_3 - (x_3-a_3)u_2 = \mu(u_3v_2-u_2v_3)$ V

$(u_3v_2-u_2v_3)\cdot\text{IV} - (u_2v_1-u_1v_2)\cdot\text{V}$:

$$(x_1-a_1)u_2(u_3v_2-u_2v_3) - (x_2-a_2)u_1(u_3v_2-u_2v_3) - \big[(x_2-a_2)u_3(u_2v_1-u_1v_2) -$$

$$- (x_3-a_3)u_2(u_2v_1-u_1v_2)\big] = 0 \quad\Leftrightarrow$$

$$(x_1-a_1)(u_2v_3-u_3v_2)(-u_2) + (x_2-a_2)(u_2v_3-u_3v_2)u_1 +$$

$$+ (x_2-a_2)(u_1v_2-u_2v_1)u_3 + (x_3-a_3)(u_1v_2-u_2v_1)(-u_2) = 0 \quad\Leftrightarrow$$

$$(x_1-a_1)(u_2v_3-u_3v_2)(-u_2) + (x_2-a_2)(u_3v_1-u_1v_3)(-u_2) +$$
$$+ (x_3-a_3)(u_1v_2-u_2v_1)(-u_2) = 0 \underset{u_2 \neq 0}{\Leftrightarrow}$$
$$(x_1-a_1)(u_2v_3-u_3v_2) + (x_2-a_2)(u_3v_1-u_1v_3) + (x_3-a_3)(u_1v_2-u_2v_1) = 0.$$

Für $u_i = 0$, $i \in \{1,2,3\}$ vereinfacht sich der Nachweis entsprechend.

2. Möglichkeit:

Es muß gezeigt werden, daß $(\vec{u}\times\vec{v}) \perp \vec{u}$ und $(\vec{u}\times\vec{v}) \perp \vec{v}$ gilt, d.h. $(\vec{u}\times\vec{v})$ ist Normalenvektor von E. Es ergibt sich durch Berechnung $(\vec{u}\times\vec{v})\circ\vec{u} = 0$ und $(\vec{u}\times\vec{v})\circ\vec{v} = 0$.

S.229 b)
$$\begin{vmatrix} u_1 & v_1 & x_1-a_1 \\ u_2 & v_2 & x_2-a_2 \\ u_3 & v_3 & x_3-a_3 \end{vmatrix} = u_1v_2(x_3-a_3) + u_3v_1(x_2-a_2) + u_2v_3(x_1-a_1) - $$
$$- u_3v_2(x_1-a_1) - u_1v_3(x_2-a_2) - u_2v_1(x_3-a_3) =$$
$$= (x_1-a_1)(u_2v_3-u_3v_2) + (x_2-a_2)(u_3v_1-u_1v_3) + (x_3-a_3)(u_1v_2-u_2v_1) = 0.$$

5. 1. Möglichkeit: Eliminieren von λ:

$$\begin{array}{ll} x_1 = 3 + 2\lambda + 2\mu & \text{I} \\ x_2 = \qquad\quad 3\mu & \text{II} \\ x_3 = 3 - \lambda - 2\mu & \text{III} \end{array}$$

I + III: $x_1 + x_3 = 6 + \lambda \Rightarrow \lambda = x_1 + x_3 - 6$

II $\Rightarrow \mu = \frac{x_2}{3}$

Einsetzen in I ergibt:

$$x_1 = 3 + 2x_1 + 2x_3 - 12 + \tfrac{2}{3}x_2 \Leftrightarrow 3x_1 + 2x_2 + 6x_3 - 27 = 0,$$

$$E_H:\ \tfrac{3}{7}x_1 + \tfrac{2}{7}x_2 + \tfrac{6}{7}x_3 - \tfrac{27}{7} = 0.$$

2. Möglichkeit: Formel von Aufg. 4.:

$$\begin{pmatrix}3\\2\\6\end{pmatrix}\circ\left[\vec{x} - \begin{pmatrix}3\\0\\3\end{pmatrix}\right] = 0 \Leftrightarrow 3x_1 + 2x_2 + 6x_3 - 27 = 0.$$

6.a) $-\frac{7}{27}x_1 + \frac{2}{27}x_2 - \frac{26}{27}x_3 - 2 = 0$; b) $-\frac{3}{5}x_1 + \frac{4}{5}x_3 - 5 = 0$;

c) $\pm(\frac{15}{19}x_1 + \frac{6}{19}x_2 - \frac{10}{19}x_3) = 0$; d) $x_2 - \frac{1}{3} = 0$; e) $\pm x_1 = 0$;

f) $\pm(\frac{1}{2}\sqrt{2}\,x_2 + \frac{1}{2}\sqrt{2}\,x_3) = 0$.

7. $\vec{x} = \begin{pmatrix}1\\1\\5\end{pmatrix} + \lambda\begin{pmatrix}8\\0\\-4\end{pmatrix} + \mu\begin{pmatrix}10\\3\\-6\end{pmatrix} \Leftrightarrow \begin{cases} x_1 = 1 + 8\lambda + 10\mu & \text{I} \\ x_2 = 1 \qquad + 3\mu & \text{II} \\ x_3 = 5 - 4\lambda - 6\mu & \text{III} \end{cases}$

II $\Rightarrow \mu = \frac{x_2 - 1}{3}$, I + 2·III $\Rightarrow x_1 + 2x_3 = 11 - 2\mu$

μ eingesetzt:

$$x_1 + 2x_3 = 11 - \frac{2(x_2-1)}{3} \quad \Leftrightarrow \quad 3x_1 + 2x_2 + 6x_3 - 35 = 0,$$

E_H: $\frac{3}{7}x_1 + \frac{2}{7}x_2 + \frac{6}{7}x_3 - 5 = 0$,

oder: $\begin{pmatrix}12\\8\\24\end{pmatrix} \circ \left[\vec{x} - \begin{pmatrix}1\\1\\5\end{pmatrix}\right] = 0 \quad \Leftrightarrow \quad 3x_1 + 2x_2 + 6x_3 - 35 = 0.$

8. Vorbemerkung:

Betrachtet man die Fig. in der Lösung zu 6.1, Aufg. 3 als senkrechten Schnitt durch eine Ebene, so folgt auch hier $d \geq 0$ und die Gültigkeit der Formel

$$d = |\vec{n}^0 \circ (\vec{O} - \vec{A})|.$$

E_H: $\frac{1}{9}x_1 + \frac{8}{9}x_2 - \frac{4}{9}x_3 - 1 = 0$,

$d_E(O) = |-1| = 1$, $|d_E(A)| = \left|\frac{16}{9}\right| = \frac{16}{9}$, $|d_E(B)| = 0$, d.h. $B \in E$, $|d_E(C)| = |-2| = 2$;

O und A liegen in verschiedenen Halbräumen bzgl. E, O und C im gleichen Halbraum bzgl. E.

9. $\begin{array}{ll} x_1 = \qquad 2\mu & \text{I} \\ x_2 = \quad \lambda + \mu & \text{II} \\ x_3 = 1 + \lambda & \text{III} \end{array}$

I $\Rightarrow \mu = \frac{x_1}{2}$, III $\Rightarrow \lambda = x_3 - 1$,

eingesetzt in II:

$$x_2 = x_3 - 1 + \frac{x_1}{2} \quad \Leftrightarrow \quad x_1 - 2x_2 + 2x_3 - 2 = 0,$$

E_H: $\frac{1}{3}x_1 - \frac{2}{3}x_2 + \frac{2}{3}x_3 - \frac{2}{3} = 0$;

$d_E(O) = \left|-\frac{2}{3}\right| = \frac{2}{3}$, $|d_E(A)| = \left|\frac{7}{3}\right| = \frac{7}{3}$, $|d_E(B)| = \left|-\frac{1}{3}\right| = \frac{1}{3}$;

O und A liegen in verschiedenen Halbräumen bzgl. E, O und B liegen im selben Halbraum bzgl. E.

10. $\vec{A} = \begin{pmatrix} 0 \\ 0 \\ a \end{pmatrix}$

1. Möglichkeit:

E_H: $\frac{15}{25}x_1 + \frac{12}{25}x_2 - \frac{16}{25}x_3 - \frac{15}{25} = 0$, F_H: $-\frac{9}{25}x_1 + \frac{12}{25}x_2 - \frac{20}{25}x_3 - \frac{35}{25} = 0$,

$\left|-\frac{16}{25}a - \frac{15}{25}\right| = \left|-\frac{20}{25}a - \frac{35}{25}\right| \Leftrightarrow$

$(-\frac{16}{25}a - \frac{15}{25} = -\frac{20}{25}a - \frac{35}{25} \vee -\frac{16}{25}a - \frac{15}{25} = \frac{20}{25}a + \frac{35}{25}) \Leftrightarrow$

$(a = -5 \vee a = -\frac{25}{18})$, also: $A_1(0|0|-5)$, $A_2(0|0|-\frac{25}{18})$;

2. Möglichkeit:

A muß auf der winkelhalbierenden Ebene liegen. Wegen $|\mathfrak{n}_E| = |\mathfrak{n}_F|$ gilt:

W_1: $E + F = 0 \Leftrightarrow 6x_1 + 24x_2 - 36x_3 - 50 = 0 \Leftrightarrow$
$3x_1 + 12x_2 - 18x_3 - 25 = 0$,

W_2: $E - F = 0 \Leftrightarrow 24x_1 + 4x_3 + 20 = 0 \Leftrightarrow 6x_1 + x_3 + 5 = 0$,

Schnitt mit der x_3-Achse ergibt auch A_1 und A_2.

11. $\mathfrak{n} = \begin{pmatrix} 2 \\ -2 \\ 1 \end{pmatrix}$, $\vec{A} = \begin{pmatrix} 2 \\ 5 \\ 1 \end{pmatrix}$,

E: $\mathfrak{n} \circ (\vec{X} - \vec{A}) = 0 \Leftrightarrow \begin{pmatrix} 2 \\ -2 \\ 1 \end{pmatrix} \circ \left[\vec{X} - \begin{pmatrix} 2 \\ 5 \\ 1 \end{pmatrix}\right] = 0 \Leftrightarrow$

$2x_1 - 2x_2 + x_3 + 5 = 0$;

$h \cap E = \{B\}$:

$$\left.\begin{array}{l} x_1 = 5 - \mu_B \\ x_2 = 3 + \mu_B \\ x_3 = 3 - 0{,}5\mu_B \end{array}\right\} \text{ eingesetzt in E:}$$

$2(5-\mu_B) - 2(3+\mu_B) + (3-0{,}5\mu_B) + 5 = 0 \Leftrightarrow \mu_B = \frac{8}{3}$, $B(\frac{7}{3}|\frac{17}{3}|\frac{5}{3})$;

$d = \overline{AB} = |\overrightarrow{AB}| = |\vec{B} - \vec{A}| = \sqrt{(\frac{1}{3})^2 + (\frac{2}{3})^2 + (\frac{2}{3})^2} = 1.$

12.a) g: $\vec{X} = \vec{A} + \lambda\cdot\vec{u}$, $\mathfrak{n} = \overrightarrow{PQ}$

α) Abstand von P:

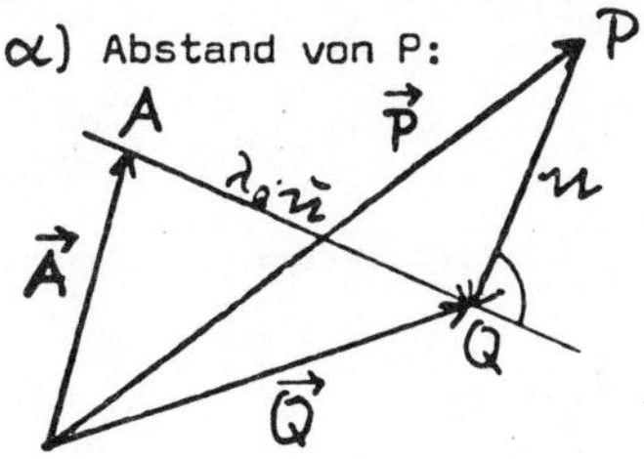

$\vec{P} + \mathfrak{n} = \vec{Q}$, $\mathfrak{n} \perp \vec{u}$

$\vec{P} + \mathfrak{n} = \vec{A} + \lambda_Q\cdot\vec{u} \Leftrightarrow$

$\mathfrak{n} = \vec{A} + \lambda_Q\cdot\vec{u} - \vec{P} =$

$$= \begin{pmatrix}-1\\-3\\5\end{pmatrix} - \begin{pmatrix}2\\5\\1\end{pmatrix} + \lambda_Q\begin{pmatrix}-2\\1\\0\end{pmatrix} = \begin{pmatrix}-3-2\lambda_Q\\-8+\lambda_Q\\4\end{pmatrix},$$

$\mathfrak{n}\circ\vec{u} = 0 \Leftrightarrow 6 + 4\lambda_Q - 8 + \lambda_Q = 0 \Leftrightarrow \lambda_Q = \frac{2}{5}$,

$Q(-\frac{9}{5}|-\frac{13}{5}|5)$;

Bemerkung: Allgemein gilt: $\lambda_Q = \dfrac{(\vec{P} - \vec{A})\circ\vec{u}}{\vec{u}^2}$

Dies folgt aus obigem Ansatz durch Multiplikation mit $\vec{u}$.

$d = \overline{PQ} = |\overrightarrow{PQ}| = |\vec{Q} - \vec{P}| = \sqrt{(-\frac{19}{5})^2 + (-\frac{38}{5})^2 + 4^2} = \frac{21}{5}\sqrt{5} \approx 9{,}39$;

β) Abstand von O:

$$\mathfrak{n} = \vec{A} + \lambda_Q\cdot\vec{u} = \begin{pmatrix}-1-2\lambda_Q\\-3+\lambda_Q\\5\end{pmatrix},$$

$\mathfrak{n}\circ\vec{u} = 0 \Leftrightarrow 2 + 4\lambda_Q - 3 + \lambda_Q = 0 \Leftrightarrow \lambda_Q = \frac{1}{5}$,

$Q(-\frac{7}{5}|-\frac{14}{5}|5)$;

$d = \overline{OQ} = |\vec{Q}| = \sqrt{(-\frac{7}{5})^2 + (-\frac{14}{5})^2 + 5^2} = \frac{\sqrt{870}}{5} \approx 5{,}90$;

b) α) Abstand von P:

$$\mathfrak{n} = \begin{pmatrix}-2\\1\\0\end{pmatrix}, \quad \vec{A} = \vec{P} = \begin{pmatrix}2\\5\\1\end{pmatrix},$$

$$E: \mathfrak{n}\circ(\vec{X} - \vec{A}) = 0 \Leftrightarrow \begin{pmatrix}-2\\1\\0\end{pmatrix}\circ\left[\vec{X} - \begin{pmatrix}2\\5\\1\end{pmatrix}\right] = 0 \Leftrightarrow 2x_1 + x_2 - 1 = 0$$

$g \cap E = \{Q\}$:

$$\left.\begin{aligned} x_1 &= -1 - 2\lambda_Q \\ x_2 &= -3 + \lambda_Q \\ x_3 &= 5 \end{aligned}\right\} \text{eingesetzt in E:}$$

$2 + 4\lambda_Q - 3 + \lambda_Q - 1 = 0 \Leftrightarrow \lambda_Q = \frac{2}{5}$,

$Q(-\frac{9}{5}|-\frac{13}{5}|5)$;

$d = \overline{PQ} = \frac{21}{5}\sqrt{5} \approx 9{,}39$;

β) Abstand von O:

$$\mathfrak{n} = \begin{pmatrix} -2 \\ 1 \\ 0 \end{pmatrix}, \quad \vec{A} = \vec{0} = \begin{pmatrix} 0 \\ 0 \\ 0 \end{pmatrix},$$

$$E: \mathfrak{n} \cdot \vec{X} = 0 \quad \Leftrightarrow \quad -2x_1 + x_2 = 0$$

$g \cap E = \{Q\}$:

$$2 + 4\lambda_Q - 3 + \lambda_Q = 0 \quad \Leftrightarrow \quad \lambda_Q = \frac{1}{5},$$

$$Q(-\tfrac{7}{5} \,|\, -\tfrac{14}{5} \,|\, 5);$$

$$d = \overline{OQ} = |\vec{Q}| = \frac{\sqrt{870}}{5} \approx 5{,}90;$$

c) α) Lot von P auf g:

$$\vec{X} = \vec{P} + \lambda \cdot \overrightarrow{PQ} = \begin{pmatrix} 2 \\ 5 \\ 1 \end{pmatrix} + \lambda \begin{pmatrix} -\frac{19}{5} \\ -\frac{38}{5} \\ 4 \end{pmatrix};$$

β) Lot von O auf g:

$$\vec{X} = \lambda \cdot \vec{Q} = \lambda \begin{pmatrix} -\frac{7}{5} \\ -\frac{14}{5} \\ 5 \end{pmatrix}.$$

S 230 13.

$$E: \vec{X} = \vec{A} + \lambda \cdot \mathfrak{u} + \mu \cdot \mathfrak{v} = \begin{pmatrix} 1 \\ -2 \\ 3 \end{pmatrix} + \lambda \begin{pmatrix} 1 \\ 1 \\ 0 \end{pmatrix} + \mu \begin{pmatrix} 0 \\ 0 \\ 1 \end{pmatrix} \quad \Leftrightarrow$$

$$\left.\begin{array}{l} x_1 = 1 + \lambda \\ x_2 = -2 + \lambda \end{array}\right\} \Rightarrow x_1 - 1 = x_2 + 2$$

$$x_3 = 3 \quad + \mu \quad \Rightarrow x_3 \text{ beliebig}$$

$$E: x_1 - x_2 - 3 = 0,$$

$$E_H: \tfrac{1}{2}\sqrt{2}\, x_1 - \tfrac{1}{2}\sqrt{2}\, x_2 - \tfrac{3}{2}\sqrt{2} = 0,$$

$B(0|5|8) \in h$:

$$|d_E(B)| = |-4\sqrt{2}| = 4\sqrt{2}.$$

14.a)

$$E: \vec{X} = \begin{pmatrix} 1 \\ 0 \\ 0 \end{pmatrix} + \lambda \begin{pmatrix} 2 \\ 3 \\ 3 \end{pmatrix} + \mu \begin{pmatrix} -1 \\ -5 \\ 8 \end{pmatrix} \Leftrightarrow \begin{cases} x_1 = 1 + 2\lambda - \mu & \text{I} \\ x_2 = \quad 3\lambda - 5\mu & \text{II} \\ x_3 = \quad 3\lambda + 8\mu & \text{III} \end{cases}$$

Eliminieren von λ und μ:

$$3 \cdot \text{I} - 2 \cdot \text{II}: \quad 3x_1 - 2x_2 = 3 + 7\mu \qquad \text{IV}$$

$$\text{II} - \text{III}: \quad x_2 - x_3 = -13\mu \qquad \text{V}$$

$$13\text{IV} + 7\text{V}: \quad 39x_1 - 19x_2 - 7x_3 = 39$$

$$E: 39x_1 - 19x_2 - 7x_3 - 39 = 0;$$

b)
$$F:\ \vec{x} = \vec{b} + \lambda\cdot(\vec{c} - \vec{b}) + \mu\cdot n_E = \begin{pmatrix}3\\3\\3\end{pmatrix} + \lambda\begin{pmatrix}-3\\-8\\5\end{pmatrix} + \mu\begin{pmatrix}39\\-19\\-7\end{pmatrix} \iff$$

$x_1 = 3 - 3\lambda + 39\mu$ I

$x_2 = 3 - 8\lambda - 19\mu$ II

$x_3 = 3 + 5\lambda - 7\mu$ III

Eliminieren von λ und μ:

$8\cdot I - 3\cdot II$: $8x_1 - 3x_2 = 15 + 369\mu$ IV

$5\cdot II + 8\cdot III$: $5x_2 + 8x_3 = 39 - 151\mu$ V

$151\cdot IV + 369\cdot V$: $1208x_1 + 1392x_2 + 2952x_3 = 16656$,

F: $151x_1 + 174x_2 + 369x_3 - 2082 = 0$.

15. Vorbemerkung: Offensichtlich gilt

$E \| H \iff \{n_E, n_H\}$ linear abhängig

oder

$E \| H \iff n_E^o = \pm n_H^o$.

E_H: $\frac{4}{9}x_1 - \frac{7}{9}x_2 + \frac{4}{9}x_3 - 2 = 0$,

$d_E(0) = |-2| = 2$,

$d_{E_1}(0) = 2 + 5 = 7$, $n_{E_1}^o = n_E^o$,

$d_{E_2}(0) = |2 - 5| = |-3| = 3$, $n_{E_2}^o = -n_E^o$,

da in der HNF n^o immer in die Halbebene zeigt, in der 0 nicht liegt und aufgrund der gegebenen Abstände E und E_1 auf derselben, E und E_2 auf verschiedenen Seiten von 0 liegen.

E_{1H}: $\frac{4}{9}x_1 - \frac{7}{9}x_2 + \frac{4}{9}x_3 - 7 = 0$, E_{2H}: $-\frac{4}{9}x_1 + \frac{7}{9}x_2 - \frac{4}{9}x_3 - 3 = 0$

E_1: $4x_1 - 7x_2 + 4x_3 - 63 = 0$, E_2: $4x_1 - 7x_2 + 4x_3 + 27 = 0$.

Bemerkung: Man erhält also die Gleichungen von E_1 und E_2 durch Verändern des konstanten Gliedes in der Gleichung von E_H:

$$-2 - 5 = -7,$$
$$-2 + 5 = 3.$$

Im 2. Fall ergibt sich nicht die HNF von E_2, man erhält sie aber sofort durch Multiplikation mit (-1) ($\hat{=}$ Orientierung: n^o zeigt in der HNF von Ursprung weg: in diesem Fall liegen E_2 und E auf verschiedenen Seiten von 0, also $n_{E_2}^o = -n_E^o$).

16.a) $\mathfrak{n}_E = \mathfrak{n}_F \Longrightarrow E \parallel F$;

b) E_H: $\frac{3}{23}x_1 - \frac{6}{23}x_2 + \frac{22}{23}x_3 - \frac{5}{23} = 0$, F_H: $\frac{3}{23}x_1 - \frac{6}{23}x_2 + \frac{22}{23}x_3 - \frac{19}{23} = 0$.

Da in der HNF immer $\mathfrak{n}^0$ vom Ursprung weg zeigt und hier $\mathfrak{n}^0_{E_H} = \mathfrak{n}^0_{F_H}$ gilt, liegen E und H und folglich auch G auf derselben Seite von O. Also ist auch $\mathfrak{n}^0_{G_H} = \mathfrak{n}^0_{E_H}$.

Wegen $d_E(O) = \left|-\frac{5}{23}\right| = \frac{5}{23}$ und $d_F(O) = \left|-\frac{19}{23}\right| = \frac{19}{23}$ muß für die gesuchte Mittelebene G gelten: $d_G(O) = \frac{5}{23} + \frac{1}{2}\left(\frac{19}{23} - \frac{5}{23}\right) = \frac{12}{23}$.

Also:

G_H: $\frac{3}{23}x_1 - \frac{6}{23}x_2 + \frac{22}{23}x_3 - \frac{12}{23} = 0$,

G: $3x_1 - 6x_2 + 22x_3 - 12 = 0$.

G hat von E und von F den Abstand $\frac{7}{23}$.

17.a) E_H: $-x_1 - 3 = 0$, F_H: $(\pm)\left(\frac{1}{2}\sqrt{2}\,x_1 + \frac{1}{2}\sqrt{2}\,x_3\right) = 0$,

W_1: $E_H + F_H = 0 \iff \left(\frac{1}{2}\sqrt{2}-1\right)x_1 + \frac{1}{2}\sqrt{2}\,x_3 - 3 = 0$,

W_2: $E_H - F_H = 0 \iff \left(\frac{1}{2}\sqrt{2}+1\right)x_1 + \frac{1}{2}\sqrt{2}\,x_3 + 3 = 0$;

b) E_H: $\frac{20}{21}x_1 - \frac{5}{21}x_2 + \frac{4}{21}x_3 - 2 = 0$, F_H: $-\frac{11}{15}x_1 - \frac{2}{15}x_2 + \frac{2}{3}x_3 - 3 = 0$,

W_1: $E_H + F_H = 0 \iff \frac{23}{105}x_1 - \frac{39}{105}x_2 + \frac{6}{7}x_3 - 5 = 0 \iff$
$23x_1 - 39x_2 + 90x_3 - 525 = 0$,

W_2: $E_H - F_H = 0 \iff \frac{177}{105}x_1 - \frac{11}{105}x_2 - \frac{10}{21}x_3 + 1 = 0 \iff$
$177x_1 - 11x_2 - 50x_3 + 105 = 0$.

18. E_H: $-\frac{1}{3}x_1 - \frac{2}{3}x_2 + \frac{2}{3}x_3 - 4 = 0$, F_H: $\frac{2}{3}x_1 + \frac{1}{3}x_2 - \frac{2}{3}x_3 - 6 = 0$,

E_0: $E_H + \lambda F_H = 0$

$$\left.\begin{array}{l} \lambda = -\dfrac{E_H(P)}{F_H(P)} = -\dfrac{d_1}{d_2} \\ d_1 = \pm 2d_2 \end{array}\right\} \Longrightarrow \lambda = \mp 2$$

E_{01}: $E_H - 2F_H = 0 \iff -\frac{5}{3}x_1 - \frac{4}{3}x_2 + 2x_3 + 8 = 0 \iff$
$-5x_1 - 4x_2 + 6x_3 + 24 = 0$,

E_{02}: $E_H + 2F_H = 0 \iff x_1 - \frac{2}{3}x_3 - 16 = 0 \iff 3x_1 - 2x_3 - 48 = 0$.

ISBN 3-431-02337-1

Druck: Pera-Druck Gräfelfing
Printed in Germany 1988 d